影楼百变造型解密

◎ 子洋 编著

人民邮电出版社

北京

图书在版编目（CIP）数据

影楼百变造型解密 / 子洋编著. -- 北京 ：人民邮
电出版社，2014.8
ISBN 978-7-115-35709-0

Ⅰ．①影… Ⅱ．①子… Ⅲ．①化妆－基本知识②发型
－设计 Ⅳ．①TS974

中国版本图书馆CIP数据核字（2014）第127213号

内 容 提 要

本书详细讲解了影楼造型的所有知识，从最基础的发型工具、发型分区和发型饰品开始讲解，详细讲述影楼造型的基础手法；然后对各种基础手法的综合运用进行讲解；最后对影楼所有相关造型进行了全面的实例演示，涵盖了真假发结合造型、影楼写真造型、影楼新娘造型、影楼特色服饰造型和影楼创意造型设计。

全书共精选147个实例，分别是31个基础手法、53个基础手法综合运用、8个真假发结合造型、10个影楼写真造型、6种风格29个新娘造型、8个特色服饰造型和8个创意造型。所有实例图文并茂，步骤直观，并给出了相关造型的关键点提示，使读者能够更加完善地掌握造型方法。

俗话说"万丈高楼平地起"，可见基础是一切成功的关键所在，因此本书更加注重对基础手法和技术的讲解。为了能使读者更加直观、全面、系统地进行学习，本书不仅对31个基础手法进行了视频演示，还特别录制了一套快速变换造型的综合视频，其中包含12款不同造型的快速变换技法。

本书适用于在影楼从业的化妆造型师，同时也可供相关培训机构的学员参考使用。

◆ 编　著　子　洋

责任编辑　杨　璐

责任印制　程彦红

◆ 人民邮电出版社出版发行　　北京市丰台区成寿寺路 11 号

邮编　100164　　电子邮件　315@ptpress.com.cn

网址　http://www.ptpress.com.cn

北京盛通印刷股份有限公司印刷

◆ 开本：787×1092　1/16

印张：18.75

字数：385 千字　　　　　　　　　　2014 年 8 月第 1 版

印数：1 – 3 000 册　　　　　　　　　2014 年 8 月北京第 1 次印刷

定价：98.00 元（附光盘）

读者服务热线：(010)81055410　印装质量热线：(010)81055316
反盗版热线：(010)81055315
广告经营许可证：京崇工商广字第 0021 号

前言

很荣幸在《当日新娘——影楼化妆造型实例教程》一书出版以后，能够继续和大家分享化妆造型的点点滴滴。这次在图书编写中更加注重造型的基础手法、造型技术的研究以及更加全面地讲解了影楼造型方方面面的知识。

对于化妆造型的学习和研究，不是一朝一夕就能做好的，需要时间的沉淀，需要对生活的感知，需要对优秀化妆造型师作品的分析和欣赏。一步步脚踏实地，一点点积少成多。对于行业大家说的更多的可能是"天赋"，有些人生来就有这方面的悟性。但是我个人更喜欢的一个词是"修行"。或许我们身上没有那些所谓的"天赋"，但是我们一定要相信"冰冻三尺非一日之寒"的道理。我们可以起得比别人早，练得比别人多，看得比别人丰富，时间是最好的见证。学习之初，我们之间拼的是谁知道的更多，谁的技术更加过人，但是经过时间的洗礼，我们之间会的、懂的越来越接近。达到一定程度以后我们再拼的就是想法和细心程度，所以对于我个人来说，化妆造型这个时尚的行业是一种"修行"。

很多人在学习化妆造型的过程中，我相信最初的感觉可能和我一样，化妆能凑合过，但是造型时，摸到头发却一筹莫展，不知道该怎么做、怎么设计。人的脸型有很多种，发型长短也不尽相同，所以对于造型师来说就犯了难。其实什么东西都是有据可依、有章可循的。我们把基础的手法和基础的理论掌握牢固了，对于造型来说不过是分析和组合。把脸型优缺点分析好，把几种基础手法一一组合，一个适合顾客的造型就闪亮完成了。希望那些和曾经的我一样的朋友们能通过这本书的学习打下坚实的基础，找到造型的规律和方法。最后我想说的是：努力吧，你一定能行！

特别鸣谢

出镜模特：齐春晓 王倩 湛阳 吴亚力 李洋 王蕾 彭娇 张鑫 周美扬 刘亚红

数码后期：刘梅 王海刚

摄影大师：顾晓丽 范彩霞

化助学员：王雪 夏春霞等

子洋

第 1 章　影楼造型基础　09-20

发型工具的认识及使
用方法
页码：10

发型的分区以及各分
区的作用
页码：12

发型饰品的选择和
使用
页码：16

内侧拧发
视频教学：第1集
页码：22

外侧拧发
视频教学：第2集
页码：23

手摆波纹
视频教学：第3集
页码：24

第 2 章　造型基础手法详解　21-52

复古刘海
视频教学：第4集
页码：25

外翻刘海
视频教学：第5集
页码：26

手推波纹
视频教学：第6集
页码：27

直发
视频教学：第7集
页码：28

垫发根
视频教学：第8集
页码：29

发梢内扣
视频教学：第9集
页码：30

发梢外翻
视频教学：第10集
页码：31

外翻卷
视频教学：第11集
页码：32

内翻卷
视频教学：第12集
页码：33

透气卷
视频教学：第13集
页码：34

大波浪
视频教学：第14集
页码：35

马尾
视频教学：第15集
页码：36

撕花
视频教学：第16集
页码：37

倒梳
视频教学：第17集
页码：38

三股辫
视频教学：第18集
页码：39

反三股辫
视频教学：第19集
页码：40

四股辫
视频教学：第20集
页码：41

五股辫
视频教学：第21集
页码：42

2+1股辫
视频教学：第22集
页码：43

反2+1股辫
视频教学：第23集
页码：44

3+2股辫
视频教学：第24集
页码：45

反3+2股辫
视频教学：第25集
页码：46

鱼骨辫
视频教学：第26集
页码：47

单包
视频教学：第27集
页码：48

双包
视频教学：第28集
页码：49

内翻卷筒
视频教学：第29集
页码：50

外翻卷筒
视频教学：第30集
页码：51

渔网辫
视频教学：第31集
页码：52

马尾与卷发结合造型
页码：55

马尾与撕花结合造型
页码：57

马尾与卷筒结合造型
页码：59

马尾与多个卷筒结合造型
页码：61

清爽大波浪造型
页码：63

3+2股辫与波纹结合造型
页码：65

波纹、倒梳与拧发结合造型
页码：67

拧发与卷发结合造型
页码：69

2+1股辫与波纹烫结合造型
页码：71

马尾与卷发结合造型
页码：73

3+2股辫与2+1股辫结合造型
页码：75

2+1股辫与倒梳打毛结合造型
页码：77

2+1股辫与内扣卷结合造型
页码：79

波纹烫与2+1股辫结合造型
页码：81

外翻卷造型
页码：83

波纹烫、卷发与倒梳结合造型
页码：85

U形棒、3+2股辫与卷筒结合造型
页码：87

卷发与拧包结合造型
页码：89

波纹烫发、3+2股辫与2+1股辫结合造型
页码：91

卷发、倒梳与拧发结合造型
页码：93

波纹烫、卷筒与外翻卷结合造型
页码：95

单包与倒梳结合造型
页码：97

波纹烫与2+1股辫结合造型
页码：99

波纹烫与倒梳结合造型
页码：101

波纹烫与卷筒结合造型
页码：103

波纹烫与3+2股辫结合造型
页码：105

波纹烫、3+2股辫、2+1股
辫与3股辫结合造型
页码：107

卷发、拧发与2+1股辫
结合造型
页码：109

2+1股辫与波纹烫结合
造型
页码：111

波纹烫、卷发与倒梳
结合造型
页码：113

波纹烫、拧发与U形棒
结合造型
页码：115

波纹烫与卷发结合造型
页码：117

波纹、卷发与拧发结
合造型
页码：119

卷发、拧发与撕花结
合造型
页码：121

波纹烫、卷发与拧发
结合造型
页码：123

卷发、撕发、波纹烫与
倒梳结合造型
页码：125

波纹烫与3+2股辫结合
造型
页码：127

波纹烫、卷发、拧发与
倒梳结合造型
页码：129

波纹烫、卷发与倒梳
结合造型
页码：131

卷发、波纹、卷筒与
拧发结合造型
页码：133

3+2股辫、四股辫与波
纹结合造型
页码：135

卷发、波纹、倒梳与
卷筒结合造型
页码：137

单包、波纹烫、卷筒与
倒梳结合造型
页码：139

卷发、波纹烫、马尾、拧
发与卷筒结合造型
页码：141

波纹烫与3+2股辫结合
造型
页码：143

卷发与马尾结合造型
页码：145

波纹烫、倒梳、卷发与
拧发结合造型
页码：147

波纹、卷发、卷筒与
倒梳结合造型
页码：149

大波浪卷发造型
页码：151

波纹、卷发、倒梳与
拧发结合造型
页码：153

第 4 章 真假发发结合造型设计 161-178

波纹、倒梳、拧发与
卷发结合造型
页码：155

波纹、卷发与倒梳结
合造型
页码：157

波纹、卷发与卷筒结
合造型
页码：159

真假发结合造型设计一
页码：163

真假发结合造型设计二
页码：165

真假发结合造型设计三
页码：167

真假发结合造型设计四
页码：169

真假发结合造型设计五
页码：171

真假发结合造型设计六
页码：173

真假发结合造型设计七
页码：175

真假发结合造型设计八
页码：177

化妆品广告造型设计
页码：181

性感洛丽塔造型设计
页码：183

波希米亚风格造型设计
页码：185

校园风格造型设计
页码：187

甜美风格造型设计
页码：189

萌系风格造型设计
页码：191

中性风格造型设计
页码：193

哥特风格造型设计
页码：195

奢华风格造型设计
页码：197

复古风格造型设计
页码：199

简约风格新娘造型设
计一
页码：203

简约风格新娘造型设
计二
页码：205

简约风格新娘造型设
计三
页码：207

简约风格新娘造型设
计四
页码：209

简约风格新娘造型设
计五
页码：211

韩式风格新娘造型设
计一
页码：213

韩式风格新娘造型设
计二
页码：215

韩式风格新娘造型设
计三
页码：217

韩式风格新娘造型设
计四
页码：219

韩式风格新娘造型设
计五
页码：221

卷发风格新娘造型设
计一
页码：223

卷发风格新娘造型设
计二
页码：225

卷发风格新娘造型设
计三
页码：227

卷发风格新娘造型设
计四
页码：229

鲜花系列新娘造型设
计一
页码：231

鲜花系列新娘造型设计二
页码：233

鲜花系列新娘造型设计三
页码：235

鲜花系列新娘造型设计四
页码：237

鲜花系列新娘造型设计五
页码：239

盘发风格新娘造型设计一
页码：241

盘发风格新娘造型设计二
页码：243

盘发风格新娘造型设计三
页码：245

盘发风格新娘造型设计四
页码：247

晚礼风格新娘造型设计一
页码：249

晚礼风格新娘造型设计二
页码：251

晚礼风格新娘造型设计三
页码：253

晚礼风格新娘造型设计四
页码：255

第 7 章 影楼特色服饰造型设计
263-280

晚礼风格新娘造型设计五
页码：257

晚礼风格新娘造型设计六
页码：259

仙女服造型设计一
页码：265

仙女服造型设计二
页码：267

旗袍造型设计一
页码：269

旗袍造型设计二
页码：271

第 8 章 影楼创意造型设计
281-300

格格服造型设计一
页码：273

格格服造型设计二
页码：275

唐装造型设计一
页码：277

唐装造型设计二
页码：279

鲜花创意造型设计
页码：283

鲜花网纱创意造型设计
页码：285

对称创意造型设计
页码：287

撞色创意造型设计
页码：289

羽毛创意造型设计
页码：291

白色假发创意造型设计
页码：293

梦幻创意造型设计
页码：295

丝巾创意造型设计
页码：297

第1章 影楼造型基础

03

三方面的基础知识讲解

本章主要讲解影楼造型的基础知识，主要分为三方面，第一方面是发型工具的认识及使用；第二方面是发型的分区以及各分区的作用，第三方面是发型饰品的选择和使用。只有对基础知识有了熟练的掌握，才能真正做到灵活运用，打造百变造型。

一、发型工具的认识及使用方法

尖尾梳：尖尾梳握手的一头是尖的，一般用于给头发做分区。尖尾梳的梳齿高低错落，一般用于倒梳打毛，将头发梳理干净或整理层次。

卷发棒：卷发棒分为大、中、小3种型号，大号卷棒一般用于设计大波浪；中号卷棒一般用于造型前的基础烫发；小号电卷棒一般用于发量较少的头发造型，或特殊造型使用。

鸭嘴夹：鸭嘴夹分带齿和不带齿两种。鸭嘴夹用于固定头发分区、分层和辅助定型。

发胶：发胶分为干胶和湿胶两种。主要用于定型和抓头发层次，适合任何发质。

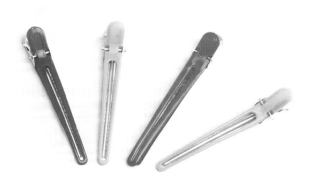

发卡：可以固定发丝、造型以及头饰等。

钢卡：用于固定头纱和进行抓纱造型设计。

刘海贴：用于固定刘海区的头发，使其不变形。

皮筋：可以缠绕头发将发束固定在一起。

发蜡：常用于短发的造型设计。强调造型的自然质感和高度。

啫喱膏：用于整理比较碎的头发，将头发梳理光滑。

直板夹：可将毛糙的头发夹直，使头发顺滑、效果自然。

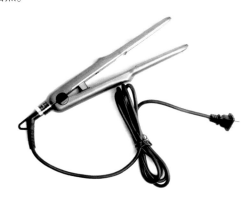

波纹夹：用于改变头发发丝纹理及方向，增强头发的蓬松感。

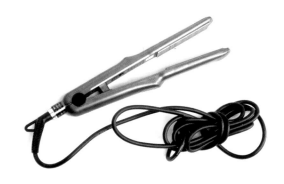

U型棒：改变发丝状态，可以做出很自然的S形卷。可辅助手推波纹使用。

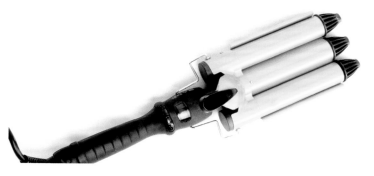

二、发型的分区以及各分区的作用

1.发型的基本分区及作用

为了更好地设计造型，弥补脸型的不足，可以利用不同分区来控制不同区域头发的走向和纹理。一般将头发分为刘海区、两侧区、顶区以及后发区。

刘海区：沿着头发分缝斜45°分开即是刘海区，其范围大小可变。刘海区的头发主要用于弥补前额的不足，可以遮挡发际线或拉长脸型。

两侧区：两个侧区的头发，一般把从耳朵后斜45°向上划开的头发称为侧区。侧区的头发一般用来弥补额头过宽或过窄的情况。

顶发区：以头顶位置为圆心画圆，整个独立出来的区域叫作顶发区。顶发区是整个造型的中心，其他区域的头发一般都围绕着顶发区造型。

后发区：将刘海区、顶发区以及两侧区分出来以后剩余的头发作为后发区。后发区一般用来调整整个造型的饱满度，弥补顶发区和后轮廓的不足。

2.各种脸型的发型设计技巧

化妆是为了美化皮肤，使肤质有通透感，以及放大眼睛等来突出个人的优点，遮盖缺点。造型也一样，造型也是为脸型服务，完美的鹅蛋脸适合各种造型，但是现实中许多人的脸型却和完美脸型有一定的差距，这时就可以通过发型设计起到扬长避短的作用。完美的发型，能够更加突显一个人优雅、高贵的气质。

圆脸型： 圆脸的长宽比例基本接近，脸部圆润多肉，三庭偏短。脸部线条比较柔和，显得不够成熟。所以造型的要点就是拉长脸型，可以将整个造型的中心设计在顶发区，然后在刘海区使用发丝进行遮挡和拉长。

方形脸： 方形脸的长宽比例也接近相等，但是脸部整体偏方，棱角感明显，缺少女性的柔美感。所以在设计造型时应该通过卷发或弧形的线条来削弱面部的棱角感，不适合齐头帘设计。

长脸型： 脸部比例长大于宽，面部消瘦。在做造型设计时可以通过刘海的设计来缩短脸型。两侧区的头发不适合梳得过紧，可以将造型重点向两边拉宽。

正三角形脸： 额头位置比较窄，颧骨比较高；两腮宽大，几乎与下巴呈一条水平线。在做造型设计时可以通过刘海的设计遮盖发际线，但是不适合齐刘海；两侧区头发应该做饱满，并在脸颊位置设计发丝遮盖两腮宽大的脸型。

倒三角形脸： 脸型相对较好，发际线过于宽，接近鹅蛋脸，是一种现代美人脸。可以通过刘海遮盖发际线，基本上适合做各种造型设计。

菱形脸： 额头较窄，颧骨较高，两腮消瘦。造型设计要点是用刘海遮盖发际线，并将两侧区头发做饱满。造型重点可以集中在两腮下方，将消瘦的面部弧线衬托得更加饱满、圆润即可。

三、发型饰品的选择和使用

1.饰品介绍

一款合适的饰品能够为造型起到画龙点睛的作用，不论是美丽芬芳的鲜花，还是梦幻的丝网纱，或高贵的皇冠，都能更好地衬托模特的气质和品位。

鲜花和绢花饰品：花的海洋一直是女孩的向往和梦想，摘一朵梦想的花别在耳际，一个浪漫的故事洒满芬芳。不论是鲜花还是绢花的饰品，一般常用于表现自然、浪漫、清新的感觉。

皇冠饰品：金碧辉煌的宫殿，王子与公主的闪亮爱情，将头发盘起的那一刻，扣上一枚神圣的皇冠，高贵气质表露无遗。皇冠适合高贵、典雅、大气的造型设计，适合气质妩媚、充满女人味的模特。

珍珠饰品：河蚌杂糅了千年的沙，沉淀后变成一颗珍珠，艳而不媚，华而不俗。珍珠不论搭配旗袍还是婚纱，都会让模特显得更加妩媚动人。

水晶饰品：闪闪的水晶饰品表面色泽靓丽，小巧精致。一般常与皇冠、网纱、羽毛等饰品搭配，用于整个造型的点缀和衬托。

头纱饰品：简单、素雅的头纱，给人简约的感觉，舒适自然；含有蕾丝镶边的头纱，给人浪漫的感觉；镶钻修饰的头纱给人高贵典雅的感觉；有蝴蝶结或花环设计的头纱可以增加俏皮、活泼的感觉。

2.饰品与脸型

不论是闪烁的耳钉还是复古的波希米亚耳线，每一种饰品是否起到了修饰脸型的作用，是否衬托模特的脸型，这些才是佩戴饰品的重点所在。所有的饰品在佩戴时都要注意扬长避短。

鹅蛋脸：这是最理想、最标准的脸型，适合佩戴各种项链和耳环等饰品。

圆形脸：在选择饰品的时候应该考虑拉长脸型，应从视觉上调整脸型的长宽比例，因此可以选择中长度的项链或者V字形项链。

方形脸：选择饰品时要考虑削弱面部的棱角感，增加柔美感。可以选择中长度且有一定弧度造型的项链。耳环应选择包耳式，形状以圆形或椭圆形为主。

长形脸：长形脸的面部比例长严重大于宽，所以在视觉设计上要缩短脸型，适合短项链、纽扣式或包耳式耳环，主要起到拉宽脸型的作用。

正三角形脸：这种脸型上窄下宽，适合配戴中长度项链、长形垂悬式耳环，可以遮盖下颌骨边缘的线条。

倒三角形脸：这是一种现代美人脸，但是下颌过尖，让人感觉不容易接触。适合配戴短项链，耳环以垂悬式、底部宽的设计为佳，可以柔和颧骨线条，使面部更加饱满。

第2章 造型基础手法详解

31个基础造型手法

本章主要讲解影楼造型中最常用的31种基础造型手法，如内侧拧发、外侧拧发、手摆波纹、外翻刘海、手推波纹、发梢内扣、内翻卷、透气卷、撕花、三股辫、四股辫、五股辫、2+1股辫、3+2股辫和单包等。相信通过本章的学习，可以对造型的手法有一个全面、系统的认知。

一、内侧拧发

1. 分出两股头发。

2. 将第1股头发绕过第2股头发交叉在一起。

3. 继续分出第3股头发，然后将第2股头发和第3股头发合并为一股，接着与第1股头发交叉。

4. 使用同样的手法，将第4股头发与第3股头发合为一股然后交叉。

5. 使用同样的方法，将头发拧到发尾。

> ❝ 内侧拧发常见于两侧区以及后发区的造型设计，常与卷发结合使用；一般用来设计分区之间的衔接，使其更加完整。 ❞

二、外侧拧发

1. 分出两股头发。

2. 将第1股头发和第2股头发交叉两次。

3. 分出第3股头发，然后将第2股头发和第3股头发合并为一股，并与第1股头发交叉。

4. 继续分出第4股头发，然后使用同样的手法将头发交叉。

5. 使用同样的方法以此类推，将头发拧到发尾。

" 外侧拧发常见于两侧区以及后发区的造型设计，常与卷发或包发结合使用，更偏重造型的层次感。
"

三、手摆波纹

1. 将刘海区的头发分成3个发片。

2. 将第1个发片以C字形绕过第2个发片固定。

3. 将第2个发片以C字形绕过第3个发片固定。

4. 将第3个发片绕成C字形，然后用卡子固定。

5. 喷发胶将手摆波纹定型。

6. 调整细节，完成手摆波纹的设计。

> 手摆波浪常用于刘海区以及两侧区头发的造型，其作用是突出线条感，使造型有更加浓郁的复古感，常见于旗袍以及复古服装的设计。

四、复古刘海

1. 将刘海区的头发分发片，然后倒梳打毛。

2. 将刘海区表面的头发梳理干净。

3. 用发胶将刘海区的头发定型。

4. 将刘海区的头发向后固定在后发区。

5. 调整细节，完成复古刘海的设计。

" 复古刘海常见于刘海区的设计，一般与倒梳手法结合使用，以突出光滑、干净、厚重的刘海，常见于复古造型。"

五、外翻刘海

1. 将刘海区的头发分发片，然后倒梳打毛。

2. 将刘海区表面的头发梳理干净。

3. 在刘海区的头发前后喷发胶定型。

4. 将刘海区的头发外翻，然后固定在顶发区位置。

5. 调整细节，完成外翻刘海的设计。

" 外翻刘海主要用于刘海区的造型设计，一般与倒梳手法结合使用以突出外翻的时尚感，常见于简约时尚的造型。"

六、手推波纹

1. 将头发分成前后两个区，然后将后区的头发扎马尾。

2. 将前区的头发中分，然后用U型棒将头发做成波浪状。

3. 顺着波浪状的造型用鸭嘴夹做成造型。

4. 用发胶进行定型，然后取下鸭嘴夹即可。

5. 将发尾固定好，手推波纹设计完成。

> 手推波纹主要用于刘海区以及两侧区的设计，多与U形棒结合使用；常见于旗袍等复古造型和韩式造型。

七、直发

1. 将侧区头发横向分区，然后用直板夹从发根开始一直拉直到发尾。

2. 将另一侧的头发用同样的手法做拉直处理。

3. 将后发区的头发横向分区，然后分出一股头发从发根拉直到发尾。

4. 使用同样的方法将后发区的头发全部拉直，然后梳理整齐。

> 直发一般强调清新和超凡脱俗的风格，常见于维多利亚浪漫风格以及波西米亚的优雅风格，主要用于写真或外景婚纱造型设计。

八、垫发根

1. 将头发梳理顺滑。

2. 分出一层薄薄的头发，然后用波纹夹烫成波纹状。

3. 依次横向分区，将上额位置的头发做成波纹状。

4. 将表面一层的头发梳理回来，遮盖波纹状的头发。

5. 将头发梳理整齐，给人蓬松的感觉。

> 垫发根是造型必备的基础造型手法之一，它可以让头发变得更加蓬松，使造型更加的饱满。多用于高耸的欧式包发以及韩式辫发之前的基础设计，应用范围广泛。

九、发梢内扣

1. 将头发竖向分区，然后单独分出一缕头发。

2. 用直板夹将分出的头发发梢夹成内扣卷。

3. 用直板夹依次将其他的头发也夹成内扣卷。

4. 用发胶定型。

5. 打理出头发的层次。

> " 发梢内扣一般常用于梨花头的设计，适合俏皮可爱的日系造型设计，也常用来修饰两腮比较宽大的脸型。 "

十、发梢外翻

1. 用尖尾梳分出刘海区的头发。

2. 用直板夹从发根开始向发梢夹直，在发梢的位置向外转圈。

3. 使用同样的方法将其他的头发做成发梢外翻的效果。

4. 喷发胶，将做好的外翻设计定型。

5. 用手抓出层次，完成发梢外翻的设计。

> 发梢外翻可以强调造型的动感，一般适合成熟一些的女性，造型时尚优雅。常用于修饰发际线偏窄的脸型。

十一、外翻卷

1. 以竖向分区的形式将头发分出一个发片。

2. 将分出的发片以顺时针方向卷在卷发棒上。

3. 通过调整卷发棒的按夹位置将发梢收进去。

4. 使用同样的方法将其他的头发进行烫发处理。

5. 调整好烫发的形状，完成内翻卷的设计。

" 外翻卷常用于卷发的散发造型，通过外翻卷可以使本来不饱满的额头得到很好的修饰，造型偏轻熟。 "

十二、内翻卷

1. 以竖向分区的方式将头发分出一个发片。

2. 将分出的发片以逆时针的方向缠绕在卷发棒上。

3. 使用同样的方法将其他头发依次烫成外翻卷。

4. 用发胶进行定型，然后整理出造型的层次感。

5. 调整内翻卷的整体效果。

> 内翻卷一般常用于可爱俏皮的造型，它能够遮盖宽大的两腮，从而更好地修饰脸型；内翻卷可以和内侧拧发结合使用做造型。

十三、透气卷

1. 将后发区的头发横向分区，然后取一缕头发以顺时针的方向缠绕在卷发棒上预热。

2. 再取另一缕头发以逆时针的方向缠绕在卷发棒上预热。

3. 使用同样的方法依次将其他的头发烫卷。

4. 用发胶进行定型，然后整理出头发的层次感。

5. 调整透气卷造型，以得到理想的效果。

> 透气卷结合了内翻卷和外翻卷，通过卷发与卷发之间的空隙来填充发量，适合发量较少的女性，还可以与垫发根的手法结合使用。

十四、大波浪

1. 以纵向分区的方式分出一缕头发，然后以大间距卷在卷发棒上。

2. 使用同样的方法将其他的头发也用大间距卷在卷发棒上。

3. 喷发胶整理发卷的层次并定型。

4. 调整细节，完成大波浪的设计。

" 大波浪常用于脸型较好、五官精致、时尚大气的女性，通过大波浪的动感设计，更好地体现女性独有的气质。 "

十五、马尾

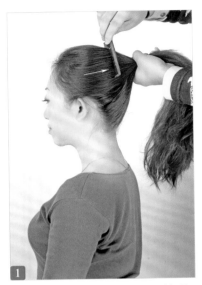

1. 将所有的头发向顶发区梳理。

2. 用发胶将表面定型。

3. 用皮筋将马尾固定在顶发区位置。

4. 从马尾中取一缕较长的头发。

5. 将这一缕头发缠绕在皮筋固定的地方，遮挡皮筋。

6. 将马尾部分的头发梳理光滑。

> 马尾是必备的基础造型手法之一，常见于欧式简约的盘发造型、俏皮可爱的造型以及浪漫优雅的造型。马尾特别适合脸型精致、发际线比较好看的女性。

十六、撕花

1. 将所有的头发扎马尾，然后从马尾中分出两缕头发。

2. 将两缕头发交叉在一起，编成两股辫。

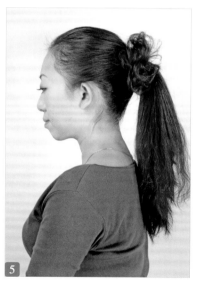

3. 将两股交叉的头发从边缘一点点撕开，但不要太用力。

4. 将撕好的形状固定在顶区的位置上，然后用卡子固定。

5. 调整撕花，完成造型

> 撕花手法常见于可爱的造型以及韩式造型后发区的设计，也可以和四股辫、五股辫结合使用，以增加蓬松凌乱的感觉。

十七、倒梳

1. 将所有的头发扎成马尾，然后在马尾辫中取一片头发。

2. 将头发梳理得散开一些，然后由内侧开始向发根倒梳。

3. 将这一片头发依次倒梳打毛，但发根的头发要打得厉害一些。

4. 将其他的头发也倒梳打毛，使头发更蓬松。

> 倒梳是必备的基础造型手法之一，常用于填充发量，让头发显得更加蓬松凌乱，增加造型的厚度，常与其他造型手法结合使用，但也可以单独使用。

十八、三股辫

1. 分出顶发区，然后将头发扎成马尾。

2. 将头发平均分成3股。

3. 将第2股头发与第3股头发交叉。

4. 继续将第1股头发和第3股头发交叉。

5. 继续将第2股头发和第1股头发交叉。

6. 使用同样的方法一直编到发尾并固定。

> 三股辫一般用于俏皮可爱的造型，也可以用于韩式编法造型收尾固定。它简单易学，是其他编法的基础。

十九、反三股辫

1. 分出顶发区，然后将头发扎成马尾。

2. 将头发平均分成3股。

3. 将第3股头发绕到第2股头发下面。

4. 将第1股头发绕到第3股头发下面。

5. 将第2股头发绕到第1股头发下面。

6. 使用同样的方法一直编到发尾并固定。

> 反三股辫常用于强调纹理和层次感的造型。它简单易学，经常运用在可爱造型、时尚造型以及韩式造型中。

二十、四股辫

1. 分出顶发区，然后将头发扎成马尾。

2. 将头发平均分成4股。

3. 将第2股头发从第1股头发下面绕过去。

4. 将第4股头发从第3股头发下面绕过去。

5. 将第4股头发和第1股头发交叉。

6. 使用同样的方法一直编到发尾并固定。

> 四股辫是三股辫的一个变形，常用于两侧区以及后发区的造型。四股辫可以结合撕花设计，让头发显得更加蓬松。

二十一、五股辫

1. 分出顶发区，然后将头发扎成马尾。

2. 将头发平均分成5股。

3. 将第3股头发从第2股头发的下面绕过。

4. 将第4股头发从第2股头发的上面绕过。

5. 将第1股头发从第3股头发的下面绕过。

6. 将第1股头发从第4股头发的上面绕过。

> 五股辫相对比较复杂，五股辫一般用于后发区或刘海区的造型，突出复古时尚感，主要强调造型纹理。

7. 将第5股头发绕到第2股头发的下面。

8. 将第5股头发绕到第1股头发的上面。

9. 使用同样的方法一直编到发尾，完成五股辫。

二十二、2+1股辫

1. 在后发区分出一个发片，然后将发片分成两股。

2. 将第2股头发与第1股头发交叉，注意第2股头发在上。

3. 分出第3股头发，放在第1股和第2股之间。

4. 将第2股头发和第1股头发交叉。

5. 将第3股头发拧在第1股头发和第2股头发之间。

> 2+1股辫常用于刘海区以及两侧区的造型，可以通过2+1股辫的设计来突出造型的时尚感。常见于韩式造型以及可爱、俏皮的造型。

6. 继续分出第4股头发，然后放到第1股头发和第2股头发之间，接着将第1股头发拧到第2股头发之上。

7. 将第4股头发与第1股头发重合。

8. 使用同样的方法不断地添加头发，一直编到发尾。

二十三、反2+1股辫

1. 在后发区分出一个发片，然后将发片分成两股。

2. 将第1股头发和第2股头发交叉。

3. 分出第3股头发，然后将第3股头发从第1股头发下面绕过去。

4. 将第2股头发绕到第3股头发下面。

5. 将第2股头发和第一股头发交叉。

> 反2+1股辫常见于两侧区头发的设计，强调造型的纹理感，编法比较简单，是2+1股辫的一个变形。

6. 分出第4股头发，然后将第4股头发从第2股头发下面绕过去，和第1股头发合并在一起。

7. 将第3股头发绕到第1股头发和第4股头发下面。

8. 使用同样的方法一直编到发尾。

二十四、3+2股辫

1．将头发梳理光滑，然后分出后发区。

2．在后发区上平均分出3股头发。

3．将第3股头发与第2股头发交叉。

4．将第1股头发与第3股头发交叉。

5．将第2股头发和第1股头发交叉。

6．分出第4股头发，然后将第4股头发与第2股头发合为一股，并与第1股头发交叉。

> 3+2股辫是韩式造型和优雅法式盘发中常用到的造型手法之一，一般常用于后发区，造型，高贵优雅的设计优先考虑此编法。

7．将第3股头发与第2股和第4股合并后的头发交叉。

8．分出第5股头发，然后将第3股和第5股头发合并为一股，并与第2股头发和第4股头发交叉。

9．使用同样的方法完成3+2股辫的编发。

二十五、反3+2股辫

1. 在后发区分出一片头发，然后平均分成3股。

2. 将第3股头发从第2股头发的下面绕过去。

3. 将第1股头发从第3股头发的下面绕过去。

4. 将第2股头发从第1股头发的下面绕过去。

5. 分出第4股头发，然后将第4股头发和第2股头发合为一股。

> 反3+2股辫是韩式造型和优雅法式盘发常用到的手法之一，是反三股辫的一个基础变形，强调线条感。

6. 将第3股头发从第2股和第4股合并后的头发下面绕过去。

7. 分出第5股头发，然后将第5股头发与第3股头发合并为一股。

8. 使用同样的方法完成反3+2股辫的编发。

二十六、鱼骨辫

1. 将后发区的头发扎马尾，然后将马尾辫平均分成两股。

2. 再从第2股头发中分出一小股头发作为第3股头发。

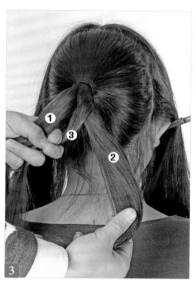

3. 将第3股头发绕到第1股头发和第2股头发之间。

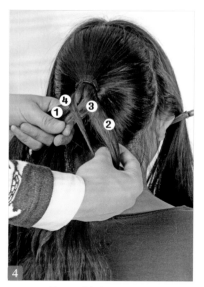

4. 使用同样的手法将第4股头发分出来，然后将第3股头发和第4股头发交叉。

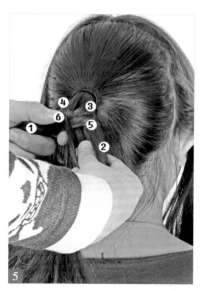

5. 依次类推，将两边的头发分出交叉编辫。

6. 使用同样的方法一直编到发尾固定，鱼骨辫就完成了。

鱼骨辫纹理清晰，造型精致，一般多和马尾造型结合使用，多见于俏皮可爱的造型。

47

二十七、单包

1. 将头发梳顺，然后用尖尾梳将后发区的头发分出来。

2. 将后发区的头发竖向梳开。

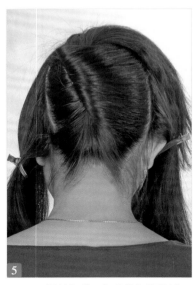

3. 将后发区的头发以梳尾为中心向内侧旋转。

4. 一直旋转到发根，然后下卡子固定。

5. 调整细节，完成单包的设计。

> 单包多见于后发区造型设计，一般多应用于高贵、有气质的盘发造型设计。单包常和倒梳的手法结合使用，这样做出的造型会更加饱满。

二十八、双包

1. 用尖尾梳将头发梳顺，然后将后发区的头发中分。

2. 将后发区的一半头发做单包。

3. 将另一侧的头发向左逆时针旋转。

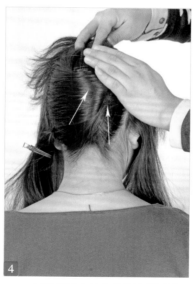

4. 将拧过去的头发用卡子固定。

5. 调整细节，使头发更加饱满。

" 双包多见于后发区造型设计，以强调造型的干净利索。一般多与啫喱膏结合使用，高贵优雅的高耸盘发也常用此手法。"

二十九、内翻卷筒

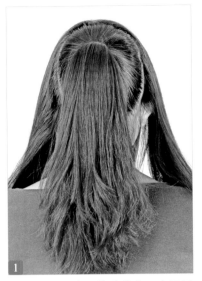

1. 将后发区的头发扎一个马尾辫，并用皮筋进行固定。

2. 在马尾中取一缕头发梳平。

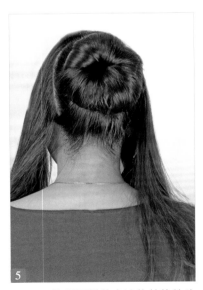

3. 将梳理后的头发从发尾开始向内侧做卷筒。

4. 将做好的卷筒固定在后发区的位置。

5. 使用同样的方法将其他的头发也做成卷筒并固定。

> 内翻卷筒常和马尾造型结合使用，一般常见于比较简约、干净的欧式盘发。花苞头就是最简单的组合，同时，它还可以做更加复杂的设计。

三十、外翻卷筒

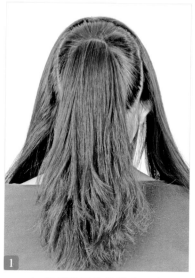

1. 将后发区的头发扎一个马尾辫，并用皮筋进行固定。

2. 在马尾中取一股头发梳平。

3. 将梳理后的头发逆时针从发梢卷到发根做成卷筒。

4. 将卷好的卷筒用卡子固定。

5. 使用同样的方法将其他的头发也做成卷筒固定。

"
外翻卷筒常见于后发区以及顶发区的造型，通过卷筒的弧线设计可以增加造型的流畅感，和内翻卷结合使用效果最佳。
"

三十一、渔网辫

> 　　渔网辫的编法看似比较复杂，其实只要掌握了其中的规律就会很简单。渔网辫常用于一些比较个性的妆容造型，主要是为了突出造型的艺术感。

1. 用尖尾梳分出一片头发。

2. 将分出的头发平均分成3股。

3. 将第3股头发在上和第2股头发交叉。

4. 将第1股头发在上和第3股头发交叉。

5. 将第2股头发在上和第1股头发交叉。

6. 分出第4股头发，然后从第1股头发下面绕过去。

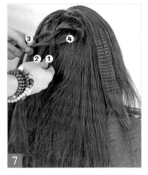

7. 将第4股头发从第2股头发的上面绕到第3股头发的上面，然后和第3股头发缠绕。

8. 分出第5股头发，然后将第5股头发从第1股头发和第3股头发的上面经过第2股头发的下面绕过去。

9. 将第4股头发和第5股头发缠绕。

10. 使用同样的方法继续分出头发，完成渔网辫的编制。

11. 最终效果展示。

第3章 造型手法综合运用

53种手法的综合运用

本章主要讲解影楼造型手法的综合运用，列举了53个具体的实例，分别对两种手法的综合、3种手法的综合和4种手法的综合等进行了详细的讲解。在学习的过程中需特别注意手法与手法之间的变化以及手法与手法之间的衔接要自然、流畅，并且学会举一反三。

一、马尾与卷发结合造型

1. 将所有的头发梳高,然后扎成马尾,接着取一缕头发缠绕在皮筋固定的位置。

2. 用中号电卷棒将马尾的头发分缕烫卷。

3. 用发胶轻轻喷到发丝上进行定型,并整理好头发的纹理。

4. 将可爱的饰品佩戴上,清爽简单的造型就完成了。

清爽的马尾与动感的卷发相结合做成的造型,适合与短款的礼服搭配,是简单、干练的女性的首选,简约而不失时尚气息。

二、马尾与撕花结合造型

1. 将所有的头发向一侧梳起，然后扎马尾，并选一缕头发缠绕皮筋。

2. 在马尾中取两缕头发相互交叉，编成两股辫，然后用手将边缘做成撕花。

3. 将撕好的造型固定在后侧区的头发上。

4. 使用同样的方法将马尾的头发全部做撕花造型，然后固定在后侧区。

5. 将绢花饰品插在撕花造型与马尾的衔接处。

" 干净利索的马尾搭配撕花造型设计可使人有浪漫婉约的女性美，适合温婉的女性。 "

三、马尾与卷筒结合造型

1. 将所有的头发后梳在顶发区位置扎高马尾，然后取一缕头发缠绕皮筋。

2. 将马尾分成两股，然后分别从发梢开始做卷筒，注意左右保持对称。

3. 将饰品花点缀在两个发包之间，形成一个用头发做出来的蝴蝶结造型。

" 这款造型适合年龄偏小，性格活泼俏皮的女性，简单时尚的蝴蝶结造型是许多女孩追捧喜爱的造型之一。"

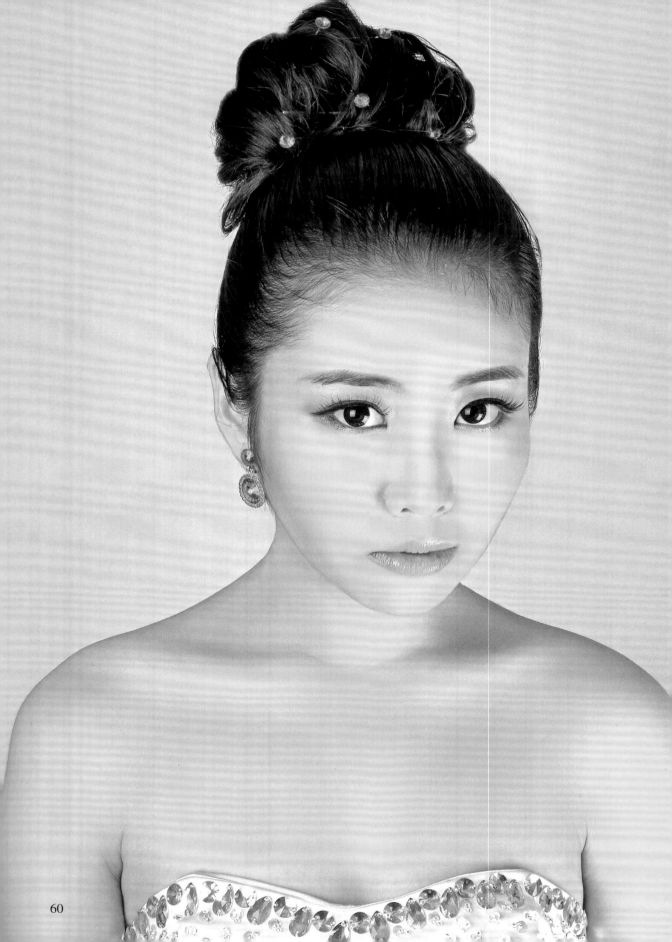

四、马尾与多个卷筒结合造型

1. 将所有的头发向后梳，然后在顶发区位置扎马尾，接着取一缕头发缠绕皮筋。

2. 取马尾中的一缕头发做成卷筒，并固定在顶发区位置。

3. 使用同样的方法将马尾处理成多个卷筒排列在顶发区的位置。

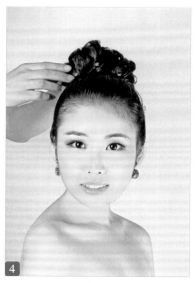

4. 用红色的朱钗点缀在卷筒之间，增加造型的闪亮感。

> 干净整齐的梳理，排列错落有致的卷筒，适合五官精致，高贵大方，偏成熟一些的女性。

五、清爽大波浪造型

1. 用梳子将头发梳顺，使头发表面光滑干净，不要打结。

2. 将头发竖向分区，然后用卷棒将头发卷成卷，预热后松开即可。

3. 用发胶调整头发造型，使发卷定型更持久。

4. 将丝网纱和绢花佩戴在发际线的位置即可。

> 海藻般的波浪长发是许多女孩的向往，此款造型适合五官精致，个子高挑的新娘，还适合与有垂感的服装搭配。

六、3+2股辫与波纹结合造型

1. 在做造型之前将所有头发用波纹夹夹成波纹，方便造型。

2. 将刘海区以及两侧区的头发以三股辫开始编发，然后两股两股地加到编发中，编成3+2股辫。

3. 将发尾编成3股辫，然后对折用卡子固定。

4. 轻轻喷一层发胶定型，然后用手将造型的层次处理好。

" 这款造型设计简单易学，容易掌握，适合五官精致，脸型较好的女性。 "

七、波纹、倒梳与拧发结合造型

1. 将所有的头发用波纹夹夹出波纹，然后将顶发区的头发倒梳，并向后固定。

2. 将后发区的头发分两次拧到靠近顶发区的位置，然后用卡子固定。

3. 将刘海区及两侧区的头发分成发片倒梳打毛。

4. 将刘海区及两侧区的头发向后梳理至侧后区，然后用卡子固定。

5. 搭配饰品以衬托造型的饱满度。

" 此款造型的重点集中在后下方，造型设计适合脸型偏方的女性，可以通过发型的弧线削弱面部的棱角感。 "

八、拧发与卷发结合造型

1. 将头发做基础卷发处理，然后将刘海区的头发做拧发设计，并甩到额头的位置固定。

2. 使用同样的方法将两侧区的头发向内侧做拧发设计。

3. 将后发区的头发扎马尾，然后取一缕头发缠绕皮筋。

4. 将后发区的头发用卡子固定在顶发区，注意和前区的头发衔接。

5. 将蕾丝饰品佩戴在额头位置，点缀造型。

高耸动感的卷发充满时尚气息，给人高贵前卫的感觉，比较适合脸型偏圆以及喜欢造型前卫的女性。

九、2+1股辫与波纹烫结合造型

1. 用波纹夹将头发做成波纹状，增加发量。

2. 将头发分成前后两个区，然后将前区的头发从左侧开始使用2+1股辫的方法向右侧编发。

3. 使用同样的方法将后发区的头发编好，然后将两个发辫盘在一起用卡子固定。

4. 将绢花饰品与朱钗点缀在发型上，增加造型的层次感。

> 发辫设计能更好地突出头发的纹理，绢花和珍珠搭配更加突显女人的优雅气质，比较适合偏知性的女性造型设计。

十、马尾与卷发结合造型

1. 将所有的头发梳高扎马尾，然后取一缕头发缠绕皮筋。

2. 用中号电卷棒将马尾的头发分缕烫卷。

3. 将马尾的头发甩到顶区以及刘海区的位置，用卡子固定。

4. 喷发胶定型，并整理出层次。

> 干净的马尾和卷发的纹理形成强烈的对比，比较适合造型前卫，外表比较酷的女性。

十一、3+2股辫与2+1股辫结合造型

1. 将头发分为前后两区，然后将刘海区的头发中分，接着将刘海右侧的头发用2+1股辫的手法编辫。

2. 使用同样的方法将刘海区另一侧的头发也编成2+1股辫。

3. 将后发区的头发用3+2股辫的手法一直编到发尾，然后将3个部分的发尾对折后藏入枕骨位置的头发下，并用卡子固定。

4. 将皇冠饰品佩戴在造型中央使整个造型具有高贵大气的感觉。

" 中分发辫的设计能更加突显高贵大气的女王气质，比较适合轻熟，个人气场比较庞大的女性。"

十二、2+1股辫与倒梳打毛结合造型

1. 将刘海区头发三七分区，然后头发用2+1股辫的手法编起来，并固定在后发区。

2. 将后发区的头发分缕倒梳打毛以增加发量，让头发显得更多些。

3. 将后发区倒梳打毛的头发整理出层次，然后用发胶定型。

4. 将蝴蝶兰搭配渔网纱戴在发际线的位置。

> 这款造型设计比较简单，编辫设计主要是为了突出造型的层次感，搭配蝴蝶兰和渔网纱，能打造出自然系的美女。

十三、2+1股辫与内扣卷结合造型

1. 将头发中分，然后将发梢做内扣设计。

2. 为了让做出来的发卷不过于死板，做完后用梳子轻轻梳理一下。

3. 将侧区的头发通过跳跃间隔的方式做成2+1股辫的设计。

4. 将红色的朱钗插在头发编起来的纹理上，完成造型设计。

" 这款造型设计简单易学，内扣设计适合两腮较大的女性，可以起到遮挡的作用，编辫设计搭配珍珠饰品可以增加端庄优雅的气质。 "

十四、波纹烫与2+1股辫结合造型

1. 用波纹夹将头发夹成波纹状以增加头发的厚重感。

2. 使用2+1股辫的方法将侧区的头发一直辫到后发区，然后将发尾对折固定。

3. 将另一侧的头发用同样的方式编成2+1股辫，然后将其对折固定在后发区的位置。

4. 将刘海区的头发也编成2+1股辫，然后在后发尾对折固定。

5. 将精致的皇冠佩戴在发际线衔接的位置，使整个造型更加自然。

6. 将金属花佩戴在后发区的位置，填充发型的饱满度。

> 这是一款整体造型设计往后下方走的韩式造型，比较适合长相清秀甜美的女性。整体造型通过分区编辫体现了造型的纹理感。

十五、外翻卷造型

1. 将头发整体竖向分区，然后用卷棒外翻烫卷。

2. 为烫好的头发喷发胶定型，然后整理出层次感。

3. 将皇冠饰品佩戴在顶发区的位置，增加造型简约大气的感觉。

> 大波浪的卷发外翻设计适合额头较窄的女性，卷发设计使顾客更加性感高贵，适合偏成熟的女性。

十六、波纹烫、卷发与倒梳结合造型

1. 用卷发棒将所有的头发做基础烫卷处理。

2. 用波纹夹将两侧区及顶区的头发夹蓬松。

3. 将顶发区的头发倒梳打毛，垫高顶区。

4. 将刘海区的头发四六分区，然后分别将刘海区两侧的头发和两侧区的头发向后拧到一起用卡子固定。

5. 用发胶整理波浪卷的纹理并定型。

6. 将银色的金属花点缀在刘海一侧。

> 卷卷的发梢搭配银色花饰，适合年龄偏小，性格活泼的女性，对于额头较窄的女性可以将两侧区的头发做得蓬松一些。

十七、U形棒、3+2股辫与卷筒结合造型

1. 将刘海区的头发中分，然后将表层的头发用U型棒烫卷。

2. 用鸭嘴夹将烫完后的头发固定，然后喷发胶定型。

3. 将后发区的头发用3+2股辫的手法编起来，然后扎马尾。

4. 将发尾的头发依次做卷筒摆放在后发区，用卡子固定。

5. 将刘海区内侧的头发拧到后发区做成卷筒。

"
整体造型设计给人高贵典雅的感觉，波纹设计增加造型的复古感，适合外表看上去比较冷酷、性感的女性。
"

6. 将之前做好的卷发刘海顺势平铺到后发区的位置，然后用卡子固定。

7. 将蕾丝的饰品花佩戴在一侧，女人味尽显。

十八、卷发与拧包结合造型

1. 将头发做基础烫卷处理，然后将顶发区和刘海区合为一区，接着将其固定在后发区。

2. 使用同样的方法将两侧区的头发固定在后发区的位置。

3. 将后发区的头发分缕向右侧拧过去固定，并顺势将卷发偏向一边。

4. 将略显夸张的饰品花佩戴在右侧即可。

"
一头波浪卷发偏向一侧搭配羽毛网纱饰品，更能体现女人浪漫梦幻的感觉，是喜欢浪漫女孩的必选造型设计之一。
"

十九、波纹烫发、3+2股辫与2+1股辫结合造型

1. 用波纹夹将头发进行基础处理，然后将后发区斜向分区，接着用3+2股辫的手法编辫。

2. 将刘海区的头发中分，然后用2+1股辫的手法编辫，接着将辫子的发尾收在后发区固定。

3. 用透明的蕾丝纱斜带在造型的一侧，然后在后发区用卡子固定。

4. 将绢花佩戴在造型的侧面，使造型更加饱满。

> 通过编辫设计搭配蕾丝绢花，使整个造型看上去富有田园气息。造型适合长相甜美的女性。对发际线过宽的女性也可以起到很好的修饰作用。

二十、卷发、倒梳与拧发结合造型

1. 将两侧区以及顶发区的头发塌下去的部分用波纹夹夹蓬松。

2. 将刘海区的头发分发片倒梳打毛，垫高刘海部分。

3. 将刘海区的头发向后梳，拧到顶发区的位置用卡子固定。

4. 用发胶将头发定型，然后抓出头发的层次即可。

5. 将小雏菊和网纱搭配在刘海区与侧发区的衔接处，突出俏皮可爱的感觉。

> 蓬松的卷发，上翻的刘海以及雏菊饰品的点缀给整个造型增加一丝清新感，这款造型适合脸型偏圆以及上庭偏短的女性。

二十一、波纹烫、卷筒与外翻卷结合造型

1. 用波纹夹将头发整体夹蓬松，然后将后发区的头发分成两层，并从发稍开始做卷筒设计。

2. 将后发区的头发依次做成卷筒，然后用卡子固定。

3. 将刘海区及两侧区的头发做外翻烫卷处理。

4. 用发胶定型，然后用手抓出纹理。

5. 将抓好纹理层次的头发顺势调整到后发区，然后用卡子固定。

6. 将花环佩戴在头发上，用卡子固定。

> 向后发区做卷筒是典型的韩式后发髻设计，同时卷发又能增加整个造型的动感，比较适合菱角感明显或长脸型的女性，能起到很好的修饰效果。

二十二、单包与倒梳结合造型

1. 将后发区的头发竖向梳理干净，然后向左侧做单包。

2. 将顶区及两侧区的头发合为一区，然后用卡子固定。

3. 用梳子将表面的头发倒梳，制造出一点略显凌乱的感觉。

4. 将丝网纱折叠成造型，然后用钢卡进行固定。

5. 将珍珠朱钗插到丝网纱造型中进行修饰点缀。

> 单包设计将后发区的头发向上梳理，前区头发倒梳故意制造凌乱的感觉，增加造型的时尚气息，适合年龄偏成熟的知性女性。

二十三、波纹烫与2+1股辫结合造型

1. 在做造型之前将头发用波纹夹夹好，然后将头发三七分区。

2. 将刘海区的头发三七分区后，分别用2+1股辫的手法编起来，然后向后提拉和后发区的头发编在一起，并用卡子固定。

3. 将蝴蝶兰戴在三七分开的位置，并用卡子固定。

> 发辫设计主要是强调造型的纹理，搭配蝴蝶兰可以增添造型浪漫时尚的气息。这款造型适合五官精致，发际线较好的女性。

二十四、波纹烫与倒梳结合造型

1. 将头发进行波纹烫以及基础烫卷，然后将顶发区的头发分发片进行倒梳打毛。

2. 将倒梳好的头发向后梳理至后发区，然后用卡子固定。

3. 将刘海区的头发顺着卷发的纹理固定在后发区的下方。

4. 将蝴蝶结饰品以及钻饰戴在发型上，增加俏皮感。

> 中分造型设计搭配蝴蝶结是减龄的秘诀。对于一些担心造型设计太过老气的女性可以考虑用蝴蝶结来减龄。这款造型整体往后下方走，可以削弱脸型的棱角感。

二十五、波纹烫与卷筒结合造型

1. 将所有的头发进行基础的波纹烫处理，然后将顶发区的头发划分出来，并用卡子固定。

2. 将后发区所有的头发向上做一个大的卷筒。

3. 将刘海区的头发中分，然后将头发顺着发丝的走向顺延到后发区固定。

4. 将刘海区的头发用发胶定型，然后将表面梳理干净。

5. 将饰品佩戴在前额的位置，增加高贵感。

> 整个造型饱满，适合脸偏大以及面部菱角明显的女性。整体造型可以提升女性的气场，打造女王一样的高贵感。

二十六、波纹烫与3+2股辫结合造型

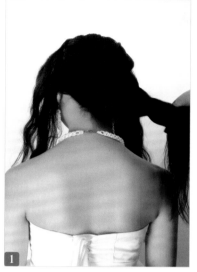

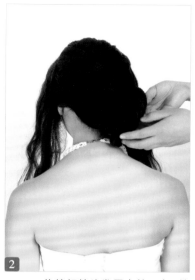

1. 将头发进行基础的波纹烫发处理，然后分成刘海区和后发区，接着将后发区的头发编成斜向的3+2股辫。

2. 将编好的头发用皮筋固定，然后对折固定在后发区一侧的位置上。

3. 将刘海区二八分区，然后将二区的头发用同样的手法编起来，并固定在后发区一侧的位置。

4. 将八区的头发用同样的手法进行编辫设计，然后固定在后发区一侧的位置。

5. 将钻饰顺着头发编辫的走向进行修饰点缀。

> 在编辫设计的纹理感中点缀钻饰，零星错落，给人优美的感觉。这款造型简单，容易掌握，对于心里住了一个小女生的优雅女性是不错的选择。

二十七、波纹烫、3+2股辫、2+1股辫与3股辫结合造型

1. 将所有的头发进行波纹烫处理。

2. 将刘海区的头发用3+2股辫的手法进行处理，编至发尾时变换为三股辫，然后用皮筋固定。

3. 将编好的头发盘到顶发区位置，然后用卡子固定。

4. 将两侧区的头发使用2+1股辫的方法编辫，编完后将头发固定在顶发区的位置。

5. 将后发区的头发竖向分区，然后使用2+1股辫的方法向上编到顶发区，并用卡子固定。

6. 将蕾丝饰品顺着头发分区的发际线进行修饰。

> 这款造型整体辫子向上提拉至顶区位置，在发辫与发辫衔接的位置用蕾丝遮盖发际线，让整个造型显得更加美丽动人。此款造型肯定会受独爱蕾丝的女生欢迎。

二十八、卷发、拧发与2+1股辫结合造型

1. 用大卷棒将头发进行基础烫卷处理，然后将刘海三七区。

2. 将两侧区的头发编成两股辫，然后固定在后发区的位置。

3. 将后发区的头发用2+1股辫的手法编到枕骨处，然后将卷发散到右侧。

4. 用满天星饰品点缀发型。

> 将烫好的卷发随意地拧到耳后，并偏向一侧，小女生独有的清新跃然而生。因此这款造型适合年龄较小，端庄优雅的女孩子。

二十九、2+1股辫与波纹烫结合造型

1. 将所有的头发进行波纹烫处理，然后将刘海区的头发三七分开。

2. 将刘海区头发七的部分使用2+1股辫的方法编辫，编完后固定在后发区的位置。

3. 将刘海区三的部分使用2+1股辫的方法一直向后编连接后发区。

4. 将刘海区三的部分和后发区的头发一起固定在右侧。

5. 用绢花饰品遮盖发际线，然后用朱钗修饰头发纹理。

> 这款造型对于额头发际线不是很好看的女性有一定的修饰作用，整体造型给人温婉清新的感觉。

三十、波纹烫、卷发与倒梳结合造型

1. 将所有的头发竖向分区做内扣卷处理。

2. 将顶发区以及两侧区不饱满的头发做波纹烫处理，使头发蓬松。

3. 将顶发区的头发分发片后倒梳，增加发量。

4. 喷发胶定型，然后将卷发整理出纹理。

5. 将蝴蝶结饰品佩戴在一侧，显示俏皮可爱的感觉。

" 内扣卷发设计有利于遮挡比较明显的脸腮，起到修饰脸型的作用，特意设计的蝴蝶结更是别有一番滋味在心头，儿时的芭比梦，此时绽放。"

三十一、波纹烫、拧发与U型棒结合造型

1. 将头发进行波纹烫处理，然后将头发分为刘海区和后发区。

2. 将后发区的头发顺时针向一侧做拧发设计。

3. 将刘海区的头发四六分开，然后用U型棒做成复古卷。

4. 用鸭嘴夹再次强调复古波纹，然后用发胶定型。

5. 将刘海区多余的头发绕到后发区，然后用卡子固定。

6. 戴上羽毛网纱饰品增添高贵优雅感。

> 优雅的盘发，羽毛网纱搭配珍珠，复古气息超浓，对于喜欢复古回潮的女性，可以选择此款造型设计。

三十二、波纹烫与卷发结合造型

1. 将头发进行波纹烫和卷发处理，然后将刘海区及两侧区的头发固定在顶发区的位置。

2. 将后发区的头发扎马尾，注意将橡皮筋固定在接近发尾1/3的位置，然后取一缕头发缠绕皮筋。

3. 用发胶将发尾的卷发定型，然后用手抓出发尾的纹理层次。

4. 将玫瑰花点缀在卷发纹理之间，营造若隐若现的朦胧美。

> 零星散落的碎发缠绕在芬芳的玫瑰之间，娇艳欲滴。对于脸型较方或较圆的女性是一个不错的选择。

三十三、波纹、卷发与拧发结合造型

1. 将头发烫卷并做基础的波纹设计，然后将刘海区的头发做外翻设计。

2. 使用同样的方法将两侧区的头发分层做外翻设计。

3. 将后发区的头发分层做外翻设计，然后将发梢甩到前面。

4. 将后发区头发的发梢与刘海区的头发结合，然后喷发胶定型。

5. 在前额的位置戴上皇冠，点缀发型。

> 看似凌乱的卷发在顶发区位置却有层次的设计，两者形成鲜明的对比，再搭配皇冠饰品，对于轻熟的白领女性是一款不错的新娘造型。

三十四、卷发、拧发与撕花结合造型

1. 将所有的头发分区烫卷，增加头发的透气感。

2. 将刘海区的头发三七分开，然后顺着刘海发丝的走向固定在后发区。

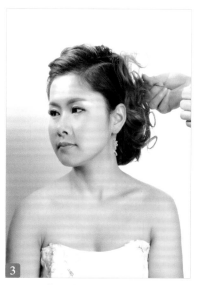

3. 将后发区的头发拧向一侧，然后用卡子固定，接着将发梢的头发两股交叉做撕发设计，让头发显得更加饱满有层次。

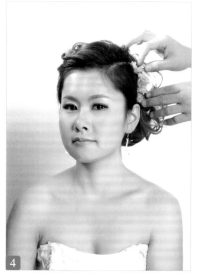

4. 将粉色的小雏菊点缀在侧区和后发区的衔接处，营造浪漫的感觉。

" 这款造型对于脸型较长或菱形脸的女性能起到很到的修饰作用，扬长避短。"

三十五、波纹烫、卷发与拧发结合造型

1. 将所有的头发竖向分区，然后做内扣卷处理。

2. 将顶发区以及两侧区不饱满的头发做波纹烫，使头发蓬松、饱满。

3. 将内扣卷发三七分开，然后分别将刘海区左右两则的头发顺着发丝走向往后发区两股交叉。

4. 将交叉好的头发固定在枕骨的位置，然后用卡子固定。

5. 将饰品花点缀在顶发区的位置上，使整体造型更加完美。

> 将所有的头发蓬松地固定在后发区，使整体造型饱满，轮廓清晰自然，以便于更好地衬托脸型，对于脸型偏大的女性可以尝试此款造型。

三十六、卷发、撕发、波纹烫与倒梳结合造型

1. 在做造型之前先将头发烫卷做成波纹状，为后面的设计打下基础，然后将后发区的头发扎偏马尾。

2. 将后发区的头发调整到右侧，然后分出部分头发两股交叉做撕花设计。

3. 将顶发区和刘海区的头发倒梳打毛，增加造型的蓬松感。

4. 将刘海区的头发二八分开，然后将八的部分顺着发丝的走向固定在后发区偏马尾的位置。

5. 将刘海区头发二的部分向后拉紧，然后喷发胶定型，也固定在偏马尾的位置。

6. 将绢花戴在刘海区与后发区的衔接处，然后用卡子固定。

> 向一侧散落的头发犹如垂下的黑色瀑布，浪漫中不失女人味，可爱清新。造型适合额头较窄或较宽的女性，因为刘海可以起到很好的遮盖作用。

三十七、波纹烫与3+2股辫结合造型

1. 在造型之前先做基础烫发以及波纹设计,然后将刘海区的头发三七分开。

2. 将刘海区的头发用3+2股辫的手法编到后发区的位置,然后用卡子固定。

3. 在后发区头发发尾的1/3处扎马尾,然后取一缕头发缠绕皮筋。

4. 将扎好的马尾用卡子固定在顶发区的位置,并结合发胶抓出层次。

5. 将泰国兰点缀在卷发与发辫之间,营造浪漫的感觉。

> 这款造型设计简单易学,但是要注意手法的衔接,以保证整个造型自然、美观。脸型偏方或偏圆的女性比较适合选择这款造型。

三十八、波纹烫、卷发、拧发与倒梳结合造型

1. 将头发烫卷做成波纹状，然后将顶发区的头发倒梳打毛，并向后固定。

2. 将蝴蝶结饰品佩戴在顶发区的位置，蝴蝶结的位置决定了顶发区的高低。

3. 将刘海三七分开，然后分别将刘海两侧的头发以两股拧发的方式顺延至后发区，用卡子固定。

4. 将后发区的头发用尖尾梳倒梳打毛制造凌乱的感觉，然后调整细节，完成发型的设计。

> 蓬松的头发搭配蝴蝶结饰品可以让整个造型显得更加摩登时尚。喜欢尝试新鲜事物或穿短款迷你裙的女性都可以尝试这款造型。

三十九、波纹烫、卷发与倒梳结合造型

1. 将头发进行基础烫卷及波纹处理，然后将顶区以及刘海区的头发倒梳打毛，增加发量。

2. 将侧区的头发顺着卷发的纹理依次固定在后发区。

3. 将后发区的头发以同样的方式分层固定在后发区。

4. 将鬓角留下的两缕头发再次进行烫卷处理，以增加造型的动感。

5. 将皇冠佩戴在一侧，用卡子固定。

" 头发有层次的从前发区固定到后发区，并搭配皇冠设计，女士的优雅气质展露无遗，也是当下特别火热的韩式造型之一。"

四十、卷发、波纹、卷筒与拧发结合造型

1. 将头发进行基础烫卷以及波纹处理，然后将头发分为前后两个区。

2. 将后发区的头发竖向分区，然后做卷筒设计。

3. 将后发区所有的头发以正反卷筒的形式依次排列。

4. 将分区的头发向下做拧发处理，然后用卡子固定。

5. 使用同样的方法将顶发区的头发也做拧发处理，并用卡子固定。

6. 用白色的小绢花饰品填充在拧发之间的空隙位置。

> 通过卷筒的叠加来实现造型的设计，点缀零星的花朵饰品，让整个造型更加时尚端庄。这款造型适合五官端正，脸型精致小巧的女生。

四十一、3+2股辫、四股辫与波纹结合造型

1. 将头发进行基础的波纹处理,然后将头发竖向分成3个区。

2. 将刘海区的头发用3+2股辫编到发尾,然后对折用卡子固定。

3. 将侧区的头发再细分成两个小分区。

4. 将侧区中一个小分区的头发编成四股辫,然后固定在后发区的位置。

5. 使用同样的方法将两侧区的头发都编成四股辫,然后固定在后发区的位置。

6. 将饰品佩戴在额前,遮盖侧区和刘海区的衔接位置。

> " 编辫设计搭配蕾丝垂散的珍珠,有一丝异域风情的味道,对于喜欢异域风情的新娘是一款不错的选择。 "

四十二、卷发、波纹、倒梳与卷筒结合造型

1. 在做造型前将头发烫卷，并做成波纹状，然后将刘海区和两侧区的头发倒梳打毛。

2. 用发胶将头发的表面整理出层次感，然后将头发抓向一侧。

3. 将抓好的头发向后发区一侧做卷筒固定。

4. 将饰品花佩戴在刘海区和后发区衔接的位置，使造型更加完美。

> 将头发做成不对称的感觉，这样可以斜向拉长脸型，对于圆脸型的女生来说可以选择此款造型来修饰脸型。

四十三、单包、波纹烫、卷筒与倒梳结合造型

1. 将后发区的头发竖向梳理光滑，然后做单包。

2. 将顶发区以及后发区的头发倒梳打毛，增加发量。

3. 将倒数打毛的头发做成卷筒，固定在枕骨的位置。

4. 将两侧区的头发同样倒梳打毛，然后顺延到后发区固定。

5. 将蕾丝的饰品倾斜佩戴在前额的位置。

> 蓬松设计可以很好地衬托脸型，削弱脸部的菱角感。搭配蕾丝的饰品造型可以增加女人味，给人清新浪漫的感觉。

四十四、卷发、波纹烫、马尾、拧发与卷筒结合造型

1. 在做造型前将头发烫卷，并做成波纹状，然后将刘海区的头发向上推高，用卡子固定。

2. 将两侧区的头发分成两个小分区，然后将头发外翻，用卡子固定。

3. 使用同样的方法将两侧区的所有头发都外翻，然后用卡子固定。

4. 将后发区的头发梳高，然后扎高马尾，并取一缕头发缠绕皮筋。

5. 将后发区的头发分成几个部分，然后依次做成花苞卷筒。

6. 将饰品花点缀在后发区与刘海区衔接的位置。

> 斜扎的马尾增加造型的俏皮感，搭配的兰花饰品让少女时代的感觉再次回归，整体造型适合年龄偏小或心理年龄偏小的女士。

四十五、波纹烫与3+2股辫结合造型

1. 将所有的头发烫卷为造型打下基础，然后将刘海区的头发三七分开，并将七部分的头发留下，接着将刘海三部分的头发和后发区的头发扎高马尾。

2. 使用3+2股辫的方法从刘海区7的部分头发开始，将所有的头发全部编成3+2股辫。

3. 将3+2股辫的发尾藏到编好的3+2股辫下面，然后用卡子固定。

4. 戴上皇冠、钻饰以及网纱，营造高贵的感觉。

" 将所有的编辫盘成圈，然后搭配皇冠网纱，点缀珍珠饰品，使造型高贵中不失清新，端庄中不失浪漫，造型分区掌握好，是这款造型成功的关键。 "

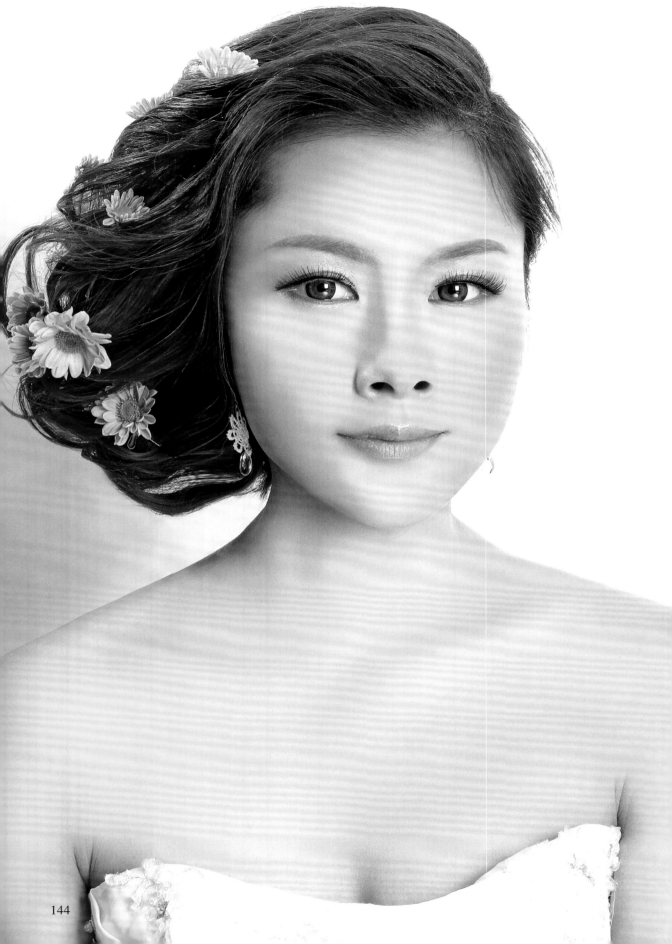

四十六、卷发与马尾结合造型

1. 用尖尾梳将头发三七分开。

2. 将七部分的头发留下,然后将三部分的头发和后发区的头发一起扎偏向右侧的马尾。

3. 将刘海区七部分的头发和后发区的马尾做外翻卷处理。

4. 用发胶将头发进行定型并整理出纹理层次。

5. 将整理好层次的头发与后发区的马尾衔接固定。

6. 将小雏菊花朵点缀在发丝之间,增加动感。

> 一头动感的卷发搭配零星错落的小雏菊,打造出自然系的美女。造型偏向一侧,适合脸型偏长的女性,能起到缩短脸型的作用。

四十七、波纹烫、倒梳、卷发和拧发结合造型

1. 在做造型之前将头发进行基础的波纹烫和卷发处理。

2. 将刘海区以及两侧区的头发倒梳打毛，使头发更加蓬松，增加发量。

3. 将刘海区和两侧区的头发梳到后发区的位置固定。

4. 将后发区的头发拧向一边，然后对折固定。

5. 将发带搭配饰品花佩戴在额头的位置。

> 后发区偏一边的走向，蕾丝绕过额头，希腊女神的气质散落其中，这款造型适合温婉、端庄、高贵的女性。

四十八、波纹、卷发、卷筒与倒梳结合造型

1. 用电卷棒将所有的头发烫卷，做成波纹状，为后续造型打好基础。

2. 将顶发区以及刘海区的头发倒梳打毛，增加发量。

3. 将所有的头发倒梳后将表面梳理整齐，然后顺着卷发的方向偏向右侧，用卡子固定。

4. 将后侧区的头发加上饰品花做成卷筒。

" 造型整体饱满，适合衬托脸型，削弱棱角感，通过卷发发丝能起到很好的柔化脸型的作用，点缀绢花增加田园气息。 "

四十九、大波浪卷发造型设计

1. 用大号的电卷棒将头发进行烫卷处理。

2. 用发胶将头发的纹理层次整理出来。

3. 用尖尾梳将刘海区的头发中分。

4. 用细的蕾丝发带绕过额头垂向一边。

5. 将饰品花佩戴在一侧即可。

　　简约顺畅的波浪卷发，气质妩媚迷人，适合中长发，脸型精致的女士。一条蕾丝的发带增加了异域风情的神秘氛围，使新娘美丽动人。

五十、波纹、卷发、倒梳与拧发结合造型

1. 在做发型之前进行基础的烫卷和波纹处理，然后将刘海区以及两侧区的头发倒梳打毛。

2. 将倒梳打毛后的头发向后梳理，然后在后发区用卡子固定。

3. 将后发区1/2的头发拧向右侧，然后用卡子固定。

4. 将后发区剩余的头发对折后用卡子固定。

> 将造型顶发区拉高，有利于拉长脸型，然后将整个造型蓬松地盘到一边，并在后发区空缺的位置点缀鲜花，适合喜欢浪漫的新娘。

五十一、波纹、倒梳、拧发与卷发结合造型

1. 在做造型之前将头发烫卷，并做成波纹状，然后将顶发区的头发进行倒梳打毛。

2. 将顶发区倒梳打毛后的头发固定在后发区的上方位置。

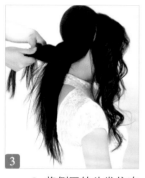

3. 将侧区的头发依次分成两股，交叉拧发。

4. 将拧好的头发固定在后发区的下方。

5. 将刘海区的头发中分，然后顺着外翻卷向后顺延到后发区的位置固定。

> 顶发区高起使得整体造型往后发区走。皇冠加上对称刘海发髻设计，使整体造型显得端庄高贵，适合喜欢欧式风格的新娘。

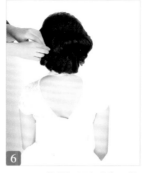

6. 将顺延到后发区的刘海固定在后发区的中间位置。

7. 将皇冠佩戴在整个造型的中间位置。

五十二、波纹、卷发与倒梳结合造型

1.在做造型之前将头发烫卷,并做成波纹状,然后将头发分为前后两个区,并将后发区的头发扎马尾。

2.将前区的头发用手抓出层次,然后固定在顶发区的位置。

3. 将后发区的头发倒梳打毛,增加发量,然后整理出层次。

4. 将饰品花搭配网纱佩戴在后面。

> 这款造型简单易学,主要掌握好层次和饱满度即可。尤其是前发区的头发层次感要明显,蝴蝶兰、网纱和蕾丝饰品设计,使小清新的感觉显得更加淋漓尽致。

五十三、波纹、卷发与卷筒结合造型

1. 在做造型之前将头发烫卷，并做成波纹状，然后将刘海区和两侧区的头发固定在顶发区位置。

2. 将后发区的头发扎马尾，然后做卷筒设计固定在枕骨的位置。

3. 用发胶整理出前面发丝的层次和纹理感。

4. 将饰品花佩戴在发际线的一侧。

零星散落的卷发遮挡脸型的同时也不失女人味，整体造型的感觉更加温婉大方。此款造型适合额头饱满，有气质的女生。

第4章 真假发结合造型设计

08

8款真假发造型讲解

真假发结合造型设计在影楼造型中的应用也非常广泛，需要特别注意的是真假发的结合一定要自然、真实，在衔接的位置可以用饰品修饰，使造型更加完美。本章精选了8款影楼中最常用的真假发造型设计进行讲解，希望读者可以结合前面的手法打造完美的造型。

一、真假发结合造型设计一

1. 将头发分为前后两个区，然后将后发区的头发扎马尾。

2. 将后发区的马尾盘成发髻，用卡子固定。

3. 将高刘海假发固定在后发区的位置。

4. 将前区的头发中分，然后用电卷棒做成外翻设计。

5. 将卷好的头发固定在后发区位置。

> 外翻的刘海流露出万种风情，同时蕾丝、网纱又都是女人的最爱。整体造型优雅知性，比较适合额头较窄的女性。造型可以通过外翻造型改变视觉感官。

6. 将小花零星地点缀在真假发结合的位置上，使造型更加自然。

7. 将丝网纱和小花搭配在一起，增加浪漫的感觉。

二、真假发结合造型设计二

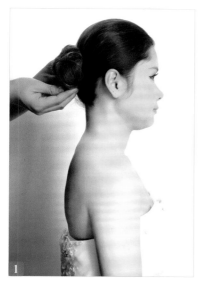

1. 将所有的头发全部梳向后发区盘发髻，然后用卡子固定。

2. 将后发区头发加高刘海假发固定，然后在前区头发的位置固定齐头帘假发。

3. 将丝网纱固定在前后假发衔接处，并做出造型。

4. 将玫瑰花错落的排列好，然后固定在假发的衔接处。

> 最是那一低头的温柔，像一朵水莲花不胜娇羞。白玫瑰不沾色彩，像一个期待爱情来临的心坚定不移。此款造型最适合温婉优雅或脸型偏长的新娘，因为可以通过齐头帘来缩短脸型。

三、真假发结合造型设计三

1. 将头发分成前后两个区，然后将后发区的头发扎马尾。

2. 将马尾在顶发区的位置固定，然后将刘海区的头发中分，接着将发尾固定在后发区的位置。

3. 将高刘海假发用卡子固定在顶发区的位置。

4. 将饰品佩戴在前额的位置。

“
中分复古的刘海，高耸的发髻搭配珍珠额饰，一种女王的气场油然而生，此款造型比较适合气场庞大、脸型宽大的女生，可以通过刘海设计扬长避短。
”

四、真假发结合造型设计四

1. 将所有的头发扎马尾，然后固定在顶发区。

2. 将齐头帘假发固定在前额位置，并用梳子梳理整齐。

3. 将高刘海假发用卡子固定在顶发区。

4. 将高刘海的假发倒梳打毛，使其更加饱满。

5. 将绢花饰品点缀在两假发的衔接处，使真假发结合自然。

6. 将网纱抓出造型后固定在绢花之上。

" 齐头帘、高发髻搭配卷发和丝网纱设计，高贵又不失可爱，优雅又不失俏皮。此款造型比较适合圆脸和菱形脸的女性。"

五、真假发结合造型设计五

1. 将所有的头发扎成马尾，然后固定在顶区的位置。

2. 将高刘海的假发造型斜向佩戴在前区。

3. 将发排的假发拧转，然后缠绕在固定马尾的位置。

4. 用绢花饰品点缀造型。

" 斜向高耸的刘海抓出层次感，搭配绢花设计，温婉秀丽。此款造型比较适合脸型偏短的女性，可以拉长脸型。 "

六、真假发结合造型设计六

1. 将所有的头发扎马尾，固定在顶发区位置。

2. 将高刘海假发横向固定在前额的位置上。

3. 将蝴蝶兰佩戴在真假发结合的位置上。

4. 再次加蝴蝶兰让整个造型更加饱满。

> 高起的刘海层次鲜明，蝴蝶兰的点缀削弱了一些女王的气势，却增加了一席温柔。此款造型简单时尚，也容易掌握，适合有气质，五官较好，脸型较小的女性。

七、真假发结合造型设计七

1. 将整个头发梳到顶发区位置，用卡子固定。

2. 将高刘海的假发固定在前区位置。

3. 将发排拧成形状，然后固定在顶发区位置。

4. 将丝网纱抓出造型，然后固定在两假发衔接处。

> 将高刘海的假发佩戴在前发区，像极了一头干练的短发，网纱抓成造型后衬托女性的柔美。此款造型比较适合脸型偏圆的女性，可以拉长脸型。

八、真假发结合造型设计八

1. 将所有头发梳向顶发区，然后盘成发髻。

2. 选择一个适合的假发包，然后在顶发区用卡子固定。

3. 将前区的头发倒梳后覆盖顶发区的假发。

4. 将两侧区的头发同样倒梳，然后覆盖顶发区的假发。

5. 将绢花饰品戴在发际线的位置，遮盖发际线。

6. 在绢花饰品外面加上网纱设计，增加朦胧感。

> 将头发包成高发髻，搭配丝网纱和绢花饰品，让整个造型看上去更加唯美梦幻。此款造型比较适合轻熟女性以及具有高贵典雅气质的女性。

第5章 影楼写真造型设计

10款影楼写真造型

本章主要精选了10款不同风格的影楼写真造型，并对每一款造型进行了详细的讲解。相信通过本章的学习大家一定会对各种风格的影楼造型有一个更加清晰的概念，并且在学习的过程中大家还可以对不同风格的造型进行对比，以便于建立更加清晰的学习思路。

一、化妆品广告造型设计

1. 将刘海区的头发分成发片倒梳打毛，增加发量。

2. 将刘海区的头发向后梳理至顶发区位置，然后用卡子固定。

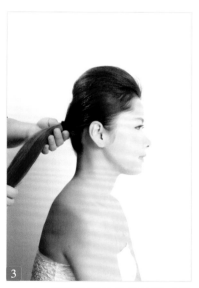

3. 将后发区的头发梳理成马尾，然后取一缕头发缠绕皮筋。

4. 将马尾的头发按顺时针方向拧成花型，然后用卡子固定在后发区的位置上。

> 这款造型设计需要注意发丝要干净利索，不能过于杂乱，对模特的面容要求较高，五官精致立体的女孩比较适合此种风格。

二、性感洛丽塔造型设计

1. 将两侧区的头发以及顶发区的头发用波纹夹夹成波纹，使头发蓬松，增加发量。

2. 将刘海区的头发竖向分发片，然后倒梳打毛，使发型显得更加饱满。

3. 用发胶进行定型，然后用手抓出头发的层次感。

4. 将彩色的满天星加丝网纱点缀在发际线衔接处即可。

这款造型妩媚动人，成熟性感。适合年龄偏小但是长相穿着偏成熟的女生，此类女生可以更好地诠释洛丽塔的青春叛逆躁动的感觉。

三、波西米亚风格造型设计

1. 将刘海区的头发中分，然后用U型棒将两侧头发压成卷发。

2. 将后发区的头发横向分区，然后用U型棒依次压成卷发。

3. 喷发胶定型，然后用手抓出层次，增加造型的动感。

4. 选择一条细的假发辫，然后将假发辫戴在额头的位置，增加波西米亚的感觉。

> 波西米亚风格特别适合长发披肩，喜欢碎花长裙和流苏饰品的女孩子，对于长裙来说身材修长穿上去会更好看些。

四、校园风格造型设计

1. 将刘海区的头发分发片向后
倒梳打毛，衬托脸型。

2. 将后发区的头发分为两个区，
然后将后发区的头发编成3+2股辫，
到发尾的时候以3股辫的手法编完。

3. 将编好的辫子两侧进行撕花
处理，增加造型的透气感。

4. 将撕好造型的辫子对折，然
后在后发区的位置固定。

5. 将编织帽侧戴在头顶位置，
并用卡子将其固定。

> 盘起的马尾辫，装饰的编织帽透露出纯纯的年代芳华。这个系列的造型适合学
生，也可以是怀念学生时代的上班族，需要注意的是在妆容造上要精心打造。

五、甜美风格造型设计

1. 将两侧区以及顶发区的头发用波纹夹夹成波纹状纹理,使头发更加蓬松,增加发量。

2. 将后发区的头发横向分区,然后用直板夹拉直。

3. 将发胶轻轻地喷在头发表面,增加头发的光泽感。

4. 将满天星拼成花环的形状佩戴在头发上。

> 一头飘逸的长发,透着芬芳的花环,一片淡蓝色安静的湖波,这可能就是我们往日心中的女神。这款造型适合长相清新,长发飘逸的女生。

六、萌系风格造型设计

1. 将所有的头发梳到后发区的位置扎马尾，然后用卡子固定。

2. 选择一款假的齐刘海佩戴在额头的位置，齐刘海是减龄神器。

3. 将卷发固定在顶发区用卡子固定，然后将多余的卷发平均分配在两侧区的位置。

4. 将可爱的饰品花佩戴在两个假发衔接的位置上，使真假发结合，造型完美。

> 浓密的睫毛，卷卷的头发，是每个小女孩儿时的玩伴——芭比娃娃。当我们长大成人后，可能对于她的留恋更浓，更想变成她。此款造型适合五官立体，眼睛较大的女生。

七、中性风格造型设计

1. 将刘海区的头发中分，然后用直板夹将头发拉直，并用梳子梳顺。

2. 用尖尾梳将后发区分出来，然后将后发区的头发扎低马尾。

3. 将刘海区的头发表面梳理光滑，然后向内侧拧转到后发区马尾固定的位置用卡子固定。

4. 在马尾中取一缕头发将刘海区剩余的头发一起缠绕在皮筋上，然后用卡子固定。

> 略施粉黛，突出英朗的眉宇，光滑的低马尾，混淆性别，是一种中性风尚的表达。此款造型比较适合内心强大的女性，可以在此款造型下尽显自己的中性美。

八、哥特风格造型设计

1. 将后发区的头发在顶发区的位置扎高马尾，然后盘成圈用卡子固定。

2. 选择一款适合的假发包固定在顶发区的位置，然后用卡子固定。

3. 将两侧区以及刘海区的头发分缕固定在顶发区位置上，增加纹理感。

4. 将黑色丝带绕额头后固定在顶发区位置上即可。

> 黑色的烟熏眼影，黑色的唇妆，诡异而性感，再搭配这款造型将哥特风格表现的淋漓尽致。此款造型比较适合敢于大胆尝试创新的女性。

九、奢华风格造型设计

1. 将所有的头发扎高马尾, 并将马尾固定在顶发区的位置, 然后选择一适合的纱巾从后面将头发裹住。

2. 调整丝巾的位置, 然后在额头的位置用卡子固定。

3. 将多余的纱巾折叠成花型, 固定在额头位置。

太阳镜、迷人的唇色、包裹的头发以及一克拉的钻戒, 从金碧辉煌中走来展示着无限的荣华。此款造型比较适合有名媛气质的女孩来打造高贵优雅的贵妇造型。

十、复古风格造型设计

1. 将头发分成刘海区和后发区，然后将后发区的头发扎高马尾。

2. 将刘海区的头发分成3个发片，然后将第1个发片绕道第2个发片的位置固定。

3. 将刘海区头发的第2发片绕到第3发片的位置用卡子固定，依此类推。

4. 将后发区的头发分成3股，然后分别做成卷筒固定在后发区的位置。

5. 将丝网纱和绢花固定在后发区，点缀发型。

> 复古回潮，追根溯源，一抹红色的回归，复古氛围极其浓厚。此款造型适合本身偏成熟性感且冷艳的女性尝试。

第6章 影楼新娘造型设计

29款新娘造型实例

　　本章主要讲解影楼新娘造型的方法，分为了简约风格新娘、韩式风格新娘、卷发风格新娘、鲜花系列新娘、盘发新娘和晚礼新娘6种不同的风格，共计29款不同的新娘造型设计。希望通过本章的学习能够为大家在新娘造型设计的道路中指明方向。

一、简约风格新娘造型设计一

1. 将所有的头发用电卷棒烫成卷发，以便后面的造型。

2. 将顶发区以及两侧区的头发倒梳打毛，增加发量。

3. 将所有的头发梳理到后发区右侧的位置，然后用发网拢住发丝角卡子固定。

4. 将蕾丝饰品点缀在发型表面，然后固定在后发区即可。

" 将头发倒梳后蓬松地收在后发区下方，搭配蕾丝设计，给人一丝慵懒、一丝甜美的感觉。此款造型适合脸型偏方或正三角形脸的新娘。"

二、简约风格新娘造型设计二

1. 将头发分成前后两个区，然后将后发区的头发扎高马尾，接着将马尾缠绕在橡皮筋固定的位置，最后用卡子固定。

2. 将刘海区的头发偏向右侧对折，然后用卡子固定。

3. 选择一款比较简单的头纱分层抓高，然后用钢卡固定在头发分区线的位置。

4. 选择一款华丽的珍珠发卡修饰发型，使造型更完美。

" 干净高耸的刘海，闪闪的珍珠发卡，简单的头纱点缀在两边，简约优美。这款造型适合五官精致的新娘，对于肩宽的新娘头纱的设计也能起到有效的遮盖作用。"

三、简约风格新娘造型设计三

1. 将所有的头发集中在顶发区的位置扎马尾，并用橡皮筋固定，接着取一缕头发缠绕皮筋。

2. 将马尾的头发分缕倒梳打毛，让头发变得蓬松凌乱。

3. 用发胶将倒梳打毛好的头发整理出层次，避免太过凌乱。

4. 将整理过的头发顺时针绕圈，然后在顶发区用卡子固定。

5. 将蝴蝶结饰品佩戴在发包处，增加俏皮可爱的感觉。

> 俏皮简单的歪发髻搭配珍珠蝴蝶结，将新娘娇小可爱的感觉更好的展示。此款造型适合俏皮活泼的女生造型。

四、简约风格新娘造型设计四

1. 将所有头发梳理到顶发区，然后扎马尾用卡子固定。

2. 将马尾的头发分成几个发片，然后向前做卷筒。

3. 将剩余的头发发片依次做卷筒排列在顶发区位置。

4. 用饰品花填充造型缝隙，增加造型的饱满度。

> 简约的盘发与网纱和饰品花搭配造型，打造时尚的感觉，整体造型适合造型前卫且脸型娇小的新娘。

五、简约风格新娘造型设计五

1. 将所有的头发梳理到顶发区位置扎马尾固定，然后选一缕头发缠绕皮筋。

2. 将马尾的头发分散开，然后从发尾开始向内侧做大卷筒，接着在顶发区固定。

3. 将皇冠佩戴在做好的发包之上，点缀发型。

" 　　皇冠搭配发包，经典的赫本造型，高贵典雅却不失俏皮可爱的感觉。这款造型简单易学，容易操作，适合面容较好的女生。 "

六、韩式风格新娘造型设计一

1. 将头发分成刘海区和后发区，然后将后发区的头发扎马尾固定。

2. 将刘海区头发中分，然后用U型棒夹成波浪状，然后固定在后发区马尾的位置。

3. 将后发区的头发分成几个发片，然后依次将头发做成卷筒，规则的摆在后发区位置。

4. 将饰品花点缀在后发区卷筒衔接的位置，再将钻饰点缀在后发区的位置。

5. 因为韩式造型主要走向是后下方，所以在侧面增加一点丝网纱，加一点浪漫的感觉。

" 这款造型简单，容易上手，造型适合长相清新自然的女生。 "

七、韩式风格新娘造型设计二

1. 将顶发区的头发倒梳打毛，然后往后梳并用卡子固定。

2. 将刘海区的头发中分，然后使用2+1股辫的方法编到后发区。

3. 将编好的头发和后发区的头发一起从发梢开始做卷筒，卷筒不宜太紧。

4. 将卷好的卷筒轻轻固定在后发区位置，注意和顶发区位置的衔接。

5. 将皇冠饰品佩戴好，注意皇冠和项链的协调。

> 发型整体外形呈弧线设计，对于脸型偏大以及额头较窄的新娘是不错的选择，可以有效地扬长避短，造型整体高贵大气，适合有气质的女生。

八、韩式风格新娘造型设计三

1. 将后发区的头发用波纹夹夹出纹理，增加发量，然后将刘海区的头发三七分开。

2. 将刘海区7部分的头发外翻后往前推一点，然后用卡子固定，注意饱满度。

3. 使用同样的方法将刘海区3部分的头发外翻后往前推一点，然后用卡子固定。

4. 在刘海区用卡子固定的时候注意和后发区头发的衔接，不要把后发区的头发压掉。

5. 用皇冠和钻饰点缀装饰整个造型，使造型更加饱满。

> 两侧区的头发使用外翻式设计，增加了一点复古的感觉，造型高贵优雅中又带有一丝性感妩媚，对于额头较窄的新娘是个不错的设计。

九、韩式风格新娘造型设计四

1. 将刘海区的头发三七分开，然后将七部分的头发编成2+1股辫。

2. 将侧区的头发使用同样的手法编辫子。

3. 将刘海区3部分的头发也编成2+1股辫。

4. 将后发区的头发以及编好的辫子在后发区扎松马尾，然后固定在后发区，并将发丝整理出造型。

5. 将泰国兰零星地点缀在发辫之间，提升整个造型的美感。

> 将头发编好后蓬松地固定在顶发区，自然清新。整体造型简单易学，容易掌握和运用，适合脸型偏圆或偏方的新娘。

十、韩式风格新娘造型设计五

1. 在发型设计之前，将头发用波纹夹进行处理，然后将顶发区的头发倒梳打毛，增加发量。

2. 将刘海区的头发中分，然后使用3+2股辫的方法一直辫到后发区，然后用卡子固定。

3. 使用同样的方法将另一侧的头发编起来，然后固定在后发区。

4. 用钻饰点缀到编好的辫子中间。

" 编法设计增加造型的纹理感，在纹理层次上点缀钻饰，使整个造型星光熠熠。简单的编法一学就会，适合脸型偏长的新娘。 "

十一、卷发风格新娘造型设计一

1. 用大号电卷棒将头发进行烫卷。

2. 使用2+1股辫的方法将刘海区右侧的头发编起来，固定在后发区的位置。

3. 将刘海区另一侧的头发也编成2+1股辫，并固定在后发区的位置。

4. 将蝴蝶兰佩戴在顶发区位置，然后用卡子固定。

> 将头发做成动感的卷发，并将两侧区编起来搭配蝴蝶兰，造型唯美梦幻。若有若无的卷发不会显得老气反而会增加一些青春时尚的感觉，此款造型适合偏可爱俏皮的新娘。

十二、卷发风格新娘造型设计二

1. 将头发做基础烫卷，让头发显得更加蓬松

2. 将刘海区的头发三七分开，将刘海区头发拧到后发区的位置固定。

3. 将后发区的头发偏向一边，然后用发胶将发丝定型。

4. 将蕾丝饰品戴在头上遮盖发际线，点缀造型。

> 将头发顺着头发的层次整理到一边，并蕾丝饰品遮盖发际线，造型唯美清新。造型的蓬松感比较适合脸型偏大的女生，造型会很好地扬长避短。

十三、卷发风格新娘造型设计三

1. 将顶发区以及两侧区的头发向后梳理，然后用卡子固定在后发区上方的位置。

2. 将后发区的头发留出零星散落的发丝，然后将多余的头发向上提拉。

3. 将提拉以后的头发逆时针做单包造型。

4. 用发蜡将散落的发丝整理好。

5. 将饰品花点缀在一侧，映衬散落的发丝。

> 半盘半散的头发，零乱有序的发丝，将可爱女生的小清新气质淋漓尽致地展现出来。这款造型适合脸型偏圆的女生或偏方的女性。

十四、卷发风格新娘造型设计四

1. 将刘海区的头发倒梳打毛，然后向后梳理，并固定在顶发区的位置。

2. 将两侧区的头发倒梳打毛，然后固定在后发区的位置。

3. 将后发区的头发在枕骨的上方做低垂卷筒。

4. 将蝴蝶兰衔接在刘海区和侧区之间，并用丝网纱制造朦胧感。

> 随意的盘发，抽出的发丝搭配蝴蝶兰网纱，造型整体会显得更加浪漫梦幻，这款造型适合五官精致立体，年龄偏小的新娘。

十五、鲜花系列新娘造型设计一

1. 将刘海区以及两侧区的头发分成发片，然后用尖尾梳倒梳打毛。

2. 将顶发区的头发分成发片倒数打毛，增加发量。

3. 将刘海区以及侧区的头发向后梳，固定在顶发区的下方。

4. 将后发区的头发分层次向中间拧发，然后用卡子固定。

5. 将拧完以后的头发喷发胶定型，并整理出纹理和层次。

6. 将绢花饰品零星的点缀在造型上。

> 散落的花瓣错落的排列在发丝之间，清新淡雅。此款造型比较适合头发偏长，不喜欢向上盘发的女生，如果将后发区的头发蓬松地固定也很有感觉。

十六、鲜花系列新娘造型设计二

1. 将刘海区的头发倒梳打毛，形成一个发包，然后向后梳固定在顶发区。

2. 将两侧区的头发以45°角向上提拉，拉紧后固定。

3. 将后发区的头发扎偏马尾，然后固定在顶发区位置，并喷发胶定型。

4. 将蝴蝶兰佩戴在额头发际线的位置，让整体造型衔接更协调。

> 拉高的刘海与后发区拉高的发梢交叉在一起，然后蝴蝶兰的点缀，俏皮可爱。此款造型适合上庭偏短、脸型偏圆的新娘，能起到拉长脸型的作用。

十七、鲜花系列新娘造型设计三

1. 将刘海区的头发分发片倒梳打毛。

2. 将刘海区的头发拧发以后向前推到额头的位置固定。

3. 将两侧区的头发拉紧，然后固定在顶发区的位置。

4. 将后发区的头发向上做单包，然后将发尾甩到刘海区进行整理。

5. 将玫瑰花分层次的佩戴在头发上即可。

> 将两侧区以及后发区的头发全部借到刘海区，制造高耸的刘海，增加复古的感觉。此款造型适合端庄高贵的新娘。

十八、鲜花系列新娘造型设计四

1.将所有的头发做完波纹处理后扎侧低马尾。

2.在马尾的头发中取一缕头发做卷筒，将玫瑰花卷到里面用卡子固定。

3.使用同样的方法将其他的玫瑰花也卷到头发里面。

4.将丝网纱罩在玫瑰花的外面塑造唯美浪漫的感觉。

> 一侧的发包搭配玫瑰花用发网遮盖，清新、优雅。淡淡的花香就像新娘本人一样散发着迷人的气质，此款造型适合温婉的新娘。

十九、鲜花系列新娘造型设计五

1. 将所有的头发扎马尾，然后将马尾顺时针缠绕成包固定。

2. 将绣球花剪切成一束一束的佩戴在造型的一侧。

3. 将绣球花佩戴的像新月形状一样。

4. 将头纱戴在后发区的下方位置。

" 顶发区高耸的花苞头搭配一圈鲜花花环设计，唯美、淡雅。此款造型适合脸型偏圆的新娘。 "

二十、盘发风格新娘造型设计一

1. 将头发分为刘海区和后发区两个分区。

2. 将刘海区的头发向上拧包，然后向额头位置推一点遮盖发际线，用卡子固定。

3. 将后发区的头发用单包的手法往前拧到头顶位置，然后把发梢甩到前面与刘海区的头发结合。

4. 将皇冠佩戴在刘海区和后发区的衔接位置即可。

> 高耸的时尚刘海设计呼应顶发区的发包，皇冠在中间起到很好的衔接作用，整体造型给人清新时尚的感觉，此款造型适合五官立体，脸型较好的新娘。

二十一、盘发风格新娘造型设计二

1. 将刘海区的头发向左侧拧包，并将发梢甩到额头的位置遮盖额头。

2. 将两侧区的头发向中间拧包，然后覆盖在刘海区上。

3. 将重新组合的厚重刘海整理出层次，让头发更有动感。

4. 在发型一侧佩戴饰品，增加造型的饱满度。

> 将发梢甩到一侧，做成动感的外翻设计，然后搭配羽毛饰品，整体造型更加青春时尚，适合时尚前卫的新娘。

二十二、盘发风格新娘造型设计三

1. 将头发分为前后两个区，然后将后发区的头发做单包，接着将发梢倒梳，并固定在顶发区。

2. 将刘海区的头发向后固定，使其遮盖后发区拧上来的头发。

3. 将两侧区的头发围绕刘海区的头发做成高发包，顺时针固定。

4. 将羽毛饰品点缀在造型中，让头发更加端庄高贵。

" 高耸的盘发搭配羽毛设计，高贵复古，优雅大气，此款造型比较适合气质型的女性。 "

二十三、盘发风格新娘造型设计四

1. 将顶发区的头发倒梳打毛，然后固定在后发区的位置。

2. 将后发区的头发分成两部分，然后将右侧的部分分成两股交叉编成两股辫，固定在后发区的中部。

3. 将后发区另一侧的头发也使用同样的方法固定好。

4. 将刘海区的头发中分，然后在接近发尾的位置做成略带外翻设计，固定在后发区。

5. 将丝网纱和羽毛结合点缀发型，体现复古感。

> 对称的造型设计，网纱与羽毛饰品的修饰，浓郁的复古感使整个造型更加时尚，此款造型适合脸型偏长的新娘。

二十四、晚礼风格新娘造型设计一

1. 将头发分为前后两个分区，然后将后发区的头发扎马尾，接着将马尾对折并用卡子固定。

2. 选择一款波浪型的假发固定在后发区的位置。

3. 将刘海区四六分开，然后将刘海区的头发倒梳，接着将六部分的头发以弧线的形式绕到后发区固定。

4. 将另一侧的刘海以同样的手法固定在后发区的位置。

5. 将小碎花饰品点缀填充在顶发区的位置。

> 前区的头发梳理干净，衬托脸型，后区的波浪形头发披肩，再用绢花点缀设计，使整体造型清新、优雅，适合年龄较小，温婉清新的女性。

二十五、晚礼风格新娘造型设计二

1. 将头发平均分成两个区，然后将后发区的头发扎马尾固定。

2. 将后发区的马尾绕圈盘在橡皮筋固定的位置，然后用卡子固定。

3. 选择一款波浪形的假发用卡子固定在顶发区的位置。

4. 将刘海区的头发用中号电卷棒向上卷。

5. 将刘海区烫好的头发结合假发固定好。

6. 将网纱和绢花饰品佩戴在一侧。

> 这款造型需要注意真假的结合要自然，饰品可以起到很好的遮盖作用。造型整体成熟性感，适合年龄偏大一些，比较有气质的新娘。

二十六、晚礼风格新娘造型设计三

1. 将所有的头发向后梳理,然后扎马尾固定。

2. 选择一款黑色的蕾丝网斜向遮盖半个刘海,用卡子固定。

3. 将紫色的玫瑰花排列好,固定在黑色蕾丝之上。

4. 将细小的卷卷假发固定在顶发区的位置。

5. 用发胶整理出假发的层次即可。

    用卷卷假发与黑色蕾丝结合设计,整体造型时尚前卫,同时紫色的玫瑰对礼服起到很好的补色效果。

二十七、晚礼风格新娘造型设计四

1. 将后发区的头发扎在顶区位置，然后取一缕头发缠绕皮筋。

2. 将两侧区位置的头发拉紧固定在顶发区位置。

3. 将刘海区的头发分发片倒梳打毛，增加头发的厚度。

4. 将刘海区的头发向后梳，也固定在顶发区的位置。

5. 将蕾丝饰品佩戴在起刘海区的左侧。

> 高耸的盘发点缀蓝色蕾丝饰品，高贵典雅。此款造型比较适合五官立体精致，脸型偏小，有气质的女生。

二十八、晚礼风格新娘造型设计五

1. 将后发区的头发扎马尾，然后取一缕头发缠绕皮筋。

2. 将马尾的头发分区做成花苞卷筒。

3. 将刘海区的头发三七分开，然后将七部分的头发编成蓬松的3+2股辫，注意留出一小缕头发。

4. 将刘海区三部分的头发编成三股辫，然后做成撕花固定在顶发区花苞的位置，也需要留出一缕头发。

5. 将饰品花点缀在顶发区与刘海区衔接的位置，并遮盖发际线。

6. 用电卷棒再次强调卷发的动感。

> 通过上卷整理出造型的层次，散落的发丝增加自然清新的感觉，饰品遮盖发际线使造型更加饱满。此款造型比较适合温柔可爱的新娘。

二十九、晚礼风格新娘造型设计六

1. 将后发区上部的头发扎马尾，然后盘成圈固定，接着选择一款假发包固定在马尾的位置。

2. 将顶发区的头发倒梳打毛，然后向后梳遮盖发包，并用卡子固定。

3. 将后发区的头发分缕固定在发包下方。

4. 将刘海区的头发向上抓出层次感，然后固定在顶发区的位置。

5. 将两侧区的头发依次收到后发区的位置上。

6. 用丝网纱和钻饰羽毛进行修饰，突出造型的奢华感。

> 高耸的盘发显示高贵典雅的复古感，皇冠羽毛以及网纱搭配体现造型的奢华感。造型适合看上偏成熟稳重一些的新娘。

第7章 影楼特色服饰造型设计

8款特色服饰造型

特色服饰造型设计在影楼造型设计中十分常见，尤其是一些古装造型设计，为了能更好地体现整体效果，服饰的搭配必不可少。因此在本章安排了仙女服、旗袍、格格服和唐装4种特色服饰8款造型，将重点讲解如何根据不同的服饰设计不同的发型。

一、仙女服造型设计一

1. 将头发全部梳到后发区扎马尾，然后拧包固定，接着选择一条假发辫盘绕固定在刘海区。

2. 选择两根小的假发辫斜向固定在前额的位置。

3. 再选择一个大的假发包固定在顶区位置，使整体造型更加饱满。

4. 将发排固定在后发区的位置上，然后取一缕头发做成8字形摆纹固定在一侧。

5. 将饰品点缀在假发之间，使真假发衔接自然。

" 淡淡的粉色透露出少女的情丝，取桃花饰品做造型点缀更加突显出那个年龄的芳华。此款造型适合身材苗条匀称、五官精致的女孩。"

二、仙女服造型设计二

1. 将头发梳向后发区扎低马尾，然后以顺时针方向盘成圈固定。

2. 将单口发排固定在后发区偏上的位置。

3. 将假发辫固定在顶发区的位置。

4. 将假发包固定在定发区偏左侧的位置。

5. 在取单口发排中取一缕假发做成8字形摆纹固定在另一侧。

6. 将绢花饰品和发簪进行错落佩戴。

> " 这款造型特别需要注意假发之间的相互衔接，一定要注意整体造型的饱满和自然。此款造型适合五官精致立体、身材匀称娇小的新娘。"

三、旗袍造型设计一

1. 将后发区的头发梳成马尾，然后盘成圈用卡子固定在顶发区。

2. 选择一款假发包放在顶发区的位置上固定。

3. 将两个侧区的头发交叉盖过假发包，然后在后发区固定。

4. 将刘海区的头发倒梳打毛，然后做内扣固定。

5. 将饰品点缀在头发上增加造型的美感。

> 旗袍作为中国独有的东方之美，婀娜多姿。高耸的刘海以及高盘发髻体现高贵优雅，适合长相偏成熟些的女性。

四、旗袍造型设计二

1. 将头发分为前后两个区，然后将后发区的头发扎侧马尾。

2. 将后发区的侧马尾分成3股，然后分别做成卷筒状，用卡子固定。

3. 用U型棒将刘海区的头发烫成卷发。

4. 用鸭嘴夹再次强调波纹造型，然后喷发胶定型。

" 此款造型与旗袍搭配，尽显东方女人的韵味，同时极具性感诱惑。此款造型适合眼睛细长，嘴唇略厚的女生，更能表现旗袍的神韵。 "

五、格格服造型设计一

1. 将刘海区的头发分成两股向内侧拧发，然后固定在顶发区的位置。

2. 将两侧区的头发向顶发区收紧，用卡子固定。

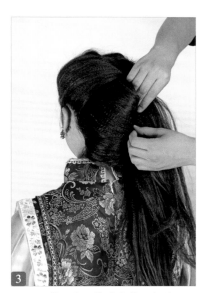

3. 将后发区的头发做双包处理。

4. 将假发辫固定在顶发区位置。

5. 将旗头固定在假发辫上。

> 此款造型适合五官精致，身材匀称的女生，不太适合长脸型以及正三角形脸，容易暴露脸部缺点。

六、格格服造型设计二

1.将刘海区的头发向后梳理干净，并固定在顶发区的位置。

2.将两侧区的头发向顶发区收紧，用卡子固定。

3.将后发区的头发做双包处理。

4.将特制的旗头假发包固定在顶发区位置。

5.将发包固定在旗头假发包之后，使整体造型饱满。

6.将饰品点缀在不同的位置上呼应对称。

" 梳一个简约的发髻，头戴珠花饰品，静坐一隅，享受夕阳西下。此款造型适合五官精致立体，长相清纯可爱的女性。 "

七、唐装造型设计一

1. 将单口的发排固定在顶发区的位置上。

2. 将封口的发排拧包以后固定在前额位置。

3. 将两侧区的头发同样用封口发排做造型固定。

4. 将发包固定在顶发区位置上遮盖单口发排的边缘。

5. 将单口发排分别顺时针拧在顶区发包上。

6. 将饰品花和金属饰品对称修饰造型。

> 高耸的刘海，对称式的方形，丹凤眼，朱唇皓齿，依然美人在。此款造型适合身材丰满，五官精致的女生。

八、唐装造型设计二

1. 将所有的头发编成3+2股辫，然后将发尾对折藏进头发里。

2. 将假发包固定在前额的位置上用卡子固定。

3. 将假发辫以弧线的形式固定在顶发区和两侧区的位置。

4. 将封口发排拧包后固定在顶发区位置。

5. 用金属饰品对称修饰造型。

> 这款造型使用假发叠高的设计方法，饰品对称而立，高耸的发髻，体现高贵典雅的气质。此款造型适合身材丰腴，脸型圆润的新娘。

第8章 影楼创意造型设计

8款创意造型实例

影楼创意造型设计是很多喜欢时尚、前卫造型女性的首选。创意造型设计更多的是体现化妆造型师的灵感，例如，同样的素材在不同的造型师手中或在不同的环境下所设计的造型都是完全不一样的。在本章列举了一些常见的素材打造8款不同的创意造型设计，供大家学习、参考。

一、鲜花创意造型设计

1. 将所有的头发梳顺，然后在顶发区扎高马尾。

2. 将扎好的马尾盘成发髻固定在顶发区位置。

3. 将绣球花从一侧开始用卡子固定在头发上。

4. 在后发区用纱做成抓纱设计，用卡子固定。

> 青翠的绣球花呼应粉嫩的唇色，后发区用网纱填满，使造型更加饱满。此款造型适合长相清秀、靓丽的女生。

二、鲜花网纱创意造型设计

1. 将刘海区的头发向上做外翻卷，然后将多余的头发固定在顶发区。

2. 将后发区的头发顺时针拧成发髻。

3. 将渔网纱通过前面遮住眼睛，固定在后发区的位置。

4. 将绣球花固定在头发空缺的位置。

" 同样的鲜花素材，经过变化和修饰再搭配一款网纱，给人的感觉完全不一样，此款造型适合温婉优雅的女性。"

三、对称创意造型设计

1. 将头发分为刘海区和后发区，然后将后发区的头发扎马尾。

2. 将后发区的头发拧成发髻固定在后发区位置。

3. 将刘海区的头发向上做成弧线，固定在额头位置。

4. 将绣球花固定在两侧区的位置。

5. 将网纱固定在后发区的位置填补整个造型，使其更加饱满。

6. 将纱网固定在脖子的位置，然后上加绣球花点缀。

> 整个造型以盘旋的厚厚的刘海为中心，左右对称开满鲜花，芬芳四溢，春天的律动在此刻掀起。此款造型比较适合脸型偏长的女性，可以在视觉上起到缩短脸型的作用。

四、撞色创意造型设计

1. 将所有的头发梳向后发区的位置，然后用橡皮筋扎马尾。

2. 将梳好的马尾盘成发髻固定。

3. 将小卷的假发用卡子固定在头上。

4. 将黑色的丝网纱佩戴在额头的位置，增加神秘感。

5. 将绢花饰品佩戴在头发三七分开的位置。

> 黄绿交错，粉色映衬，鲜艳的色彩冲撞，像一股新鲜血液一样澎湃着人们的心灵。这款造型适合面部结构比较明显，内轮廓较窄的女性。

五、羽毛创意造型设计

1. 将所有头发向后梳，然后扎马尾固定在后发区的位置。

2. 将马尾的头发盘成发髻，用卡子固定。

3. 将假发包固定在刘海区和顶发区的位置上。

4. 将羽毛饰品戴在刘海区的位置，点缀造型。

" 黑色的羽翼下丰满着橘色的欲望，淡黄色的过渡，加重了对于释放的渴望。这款造型比较适合外表冷酷，个性十足，低调含蓄的女性。 "

六、白色假发创意造型设计

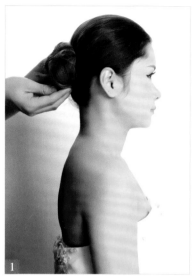

1. 将所有的头发梳到后发区的位置扎马尾，然后将马尾盘成发髻用卡子固定。

2. 将整顶白色的假发戴在头上，并用卡子固定。

3. 将黑色的丝网纱折成造型佩戴在一侧。

4. 将黑色的渔网纱扎成蝴蝶结佩戴在脖子上。

> 白色的头发搭配橘色的妆容，宁静中透露着性感，黑色网纱设计又增加了一丝神秘感。此款造型适合五官轮廓清晰自然，脸型较好的女生。

七、梦幻创意造型设计

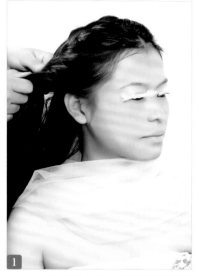

1. 将头发中分，然后分别将两边的头发编成2+1股辫。

2. 将两个2+1股辫固定在后发区的位置。

3. 将白色的头发整顶套在头上，然后用卡子固定。

4. 将网纱帽饰和羽毛点缀在造型上。

" 寂静的白色没有声音，却在呼之欲出的唇色间看见了破茧而出的渴望。这款造型适合有雪人情节的女性，可以感受一种静止，隔空相望的感觉。 "

八、丝巾创意造型设计

1. 将所有的头发梳理到顶发区位置扎马尾，然后取一缕头发缠绕皮筋。

2. 将马尾头发盘成圈，形成一个发包，然后用卡子固定在顶发区的位置。

3. 将丝巾缠绕在头发上，然后用卡子固定，做成造型花。

4. 将其他颜色的丝绸也捏成花型，然后轻轻佩戴在身上形成色块冲击。

> 一条丝巾就可以完成一个造型，色彩的拼接冲撞铸就另一种时尚。大色块的设计适合本身眼光前卫，时尚的女性尝试。